Werner Rentzsch
Experimente mit Spaß
Hydro- & Aeromechanik, Akustik

Werner Rentzsch

Experimente mit Spaß

Hydro- & Aeromechanik, Akustik

Aulis Verlag Deubner

Die Deutsche Bibliothek – CIP-Einheitsaufnahme

Rentzsch, Werner:
Experimente mit Spaß / Werner Rentzsch. – Köln : Aulis-Verl. Deubner
 Lizenz des Verl. Hölder-Pichler-Tempsky, Wien

3. Hydro- und Aeromechanik, Akustik. - 1998
ISBN 3-7614-2071-4

Best.-Nr. 2141
Lizenzausgabe des AULIS VERLAG DEUBNER & CO KG, Köln, 1998
Titel der Originalausgabe:
Werner Rentzsch, Experimente mit Spaß – Hydro- und Aeromechanik, Akustik
Verlag Hölder-Pichler-Tempsky, Wien
Druck und Verarbeitung: DELO Tiskarna, Ljubljana/Slowenien
Umschlaggestaltung: *Sybille Hübener*
Zeichnungen: *Michael Otto*, Wien
Fotos: *Werner Rentzsch*, Wien
ISBN 3-7614-2071-4

Das vorliegende Werk wurde sorgfältig erarbeitet. Dennoch übernehmen Autor und Verlag für die Richtigkeit von Angaben, Hinweisen und Ratschlägen sowie für eventuelle Druckfehler keine Haftung.

INHALTSVERZEICHNIS

Teilchen sucht Teilchen
Kohäsion, Adhäsion

Die schwebenden Bleischeiben 11
Aus zwei mach eins 12
Die Sichtbarmachung 13
Die Füllhilfe 14
Das schwebende Massestück 15
Mit Blei geschrieben 16
Mum 17

Zarte Bande
Oberflächenspannung, Kapillarwirkung, Viskosität

Das feuchte Sparschwein 21
Der Nadelwald 22
Schwimmnadeln 22
Wer schwimmt mit? 23
Der Weinkork unter Wasser 24
Der trockene Finger 25
Eine gepfefferte Sache 26
Spannungslos 26
Die Kraft der Oberfläche 27
Radiale Farbspuren 28
Der Bärlappring 29
Die Abnabelung 29
Buntkreide 30
Bis zum letzten Wipfel 31
Der rote Spalt 32
Das Dünne macht das Rennen 32
Der Bierdeckelturm 33
Zäh wie Honig 34

Der Trieb nach oben
Dichte, Auftrieb

Die verhexte Eprouvette 39
Der rote Riese und seine Trabanten 39
Die Hüpftreppe und andere Spiele 40
Die verrückten Ostereier 42
Die schwebenden Zwillinge 43
Der bunte Cocktail 44
Die Ölsperre 45
Die kleinen Senkwaagen 46
Die Schwimmkerze 47
Steinheber 47
Die Sandflasche 48
Das Senkblei 50
Kein Auftrieb mehr 51
Vom Salz getragen 52
Auf Tauchstation 53
Das Reisboot 54
Hoch hinaus 55

Tiefenrausch
Druck in Flüssigkeiten

Die Rundumspritze 59
Der spürbare Druck 60
Die schwebende Pipette 61
Nur für starke Nerven 62
„Der Cartesianische Steiger" 63
Der Miniwagenheber 64
Der Salzmörser 65
Der kleine Unterschied 66
Die Trickflasche 67

Das geheimnisvolle U-Rohr 68
Springbrunnen aus der Flasche 69
Kinderleicht 70
Die Pascalsche Holzkugel 71
Es drückt von allen Seiten 72
Wasserspiele 73
Der kleine Springbrunnen 74
Der Schraubdeckeltaucher 75
Der Pulszeiger 76
Der Herztod 77
Der Pulsar aus dem Joghurtbecher 78
Schief aber doch gerade 79

Wie in Sauerbruchs Kammer
Der äußere Luftdruck

Die Knautschflasche 83
Die Luftfeder 83
Da knallt der Erlenmeyer 84
Die Faszination des Luftdrucks 85
Das Gummiventil 86
Die automatische Tiertränke 87
Das Wechselspiel 88
Der Trick mit dem Fliegengitter 89
Das Glas an der Kette 90
Magdeburger Saughaken 91
Die Kraft der Sauger 92
Ei rein, Ei raus 93
Der Ballon im Weltraum 94
Die Anschmiegsamen 95
Das überschäumende Bier 95
Die geplatzte Bombe 96
Der andere Heronsball 97

Wer drückt denn da?
Druck in Gasen

Der schwebende Löwe 101
Das Eierschalen-U-Boot 102
Die Kanisterpumpe 103
Die straffe Haut 104
Wer gewinnt? 105
Der Geist aus der Flasche 106
Der Minigasometer 107
Die Raketenbasis 108

Die Balken der Luft
Luftbewegung, Fliegen

Das Fahnenknattern 113
Reine Gefühlssache 113
Ballgefühl 114
Nicht nur für Jahrmärkte 115
Der Doppelball 116
Der Flügel im Schnitt 116
Das Helikopterprinzip 117
Der Fallschirmjäger 118
Es war einmal ein Bumerang 119
Die Flamme im Visier 120
Der Kerzenlöscher 120
Das Luftkissenfahrzeug 121

Mach 1
Akustik - Schallentstehung, Schallübertragung, Schallphänomene

Spielmusik 125
Fast eine Stimmgabel 125
Der tönende Ballon 126
Der griechische Waldteufel 126
Das Flaschenklavier 127
Papierpfeiferln 128
Beans for Charlie Watts 129
Der Fensterschreck 130
Von Dose zu Dose 130
Der tanzende Reis 131
Der klingende Bügel 132
Wie die Indianer 132
Das Hörrohr 133
Der Lauscher an der Wand 134
Schellacks 134
Gut gekapselt 135
Das Schirmtelefon 136
Die kreisende Pfeife 137
Die Dachsirene 138
Die Lebenspumpe 139

Register 140

VORWORT

Im dritten Band der Reihe „Experimente mit Spaß" wird der Spieltrieb und die Sinneswahrnehmung stark angesprochen. Viele Experimente zeigen verblüffende Ergebnisse und verlocken zum selber Ausprobieren.

Die Versuche zeigen Phänomene der Hydro- und Aeromechanik, der Akustik sowie der Molekularphysik. Der Umgang mit Flüssigkeiten und Gasen ermöglicht eine Vielzahl von Variationen. Ein Teil der Experimente kann auch ohne Labormaterial mit Geräten und Gegenständen des Alltags relativ gefahrlos zu Hause durchgeführt werden. Verletzungsmöglichkeiten bestehen hauptsächlich bei unsachgemäßer Handhabung der Glasgeräte.

Wie die Farbfotos zeigen, kann fast jeder Versuch von Schülern selber ausgeführt werden, meist mit gefärbten Flüssigkeiten zur besseren Sichtbarmachung. Überhaupt wurde bei den Versuchen auf Farbe und die Verwendung von vertrauten Dingen Wert gelegt. Die Konzentration kann auf diese Art mehr auf die Beobachtung und die Erklärung des Phänomens, als auf abstrakte, unbekannte Geräte gelenkt werden. Wer selber einen trockenen Finger aus dem Wasser zieht oder dem eigenen Herzschlag lauscht, interessiert sich auch meist dafür, wie und warum das möglich ist.

Im Aufbau ist der dritte Band gleich den ersten beiden Bänden:

Unter „Das wird gebraucht" sind die benötigten Geräte, Materialien und Chemikalien angeführt. „So wird es gemacht" liefert die Beschreibung des Experiments, die Beobachtung und die Erklärung. „Das ist noch wichtig" bietet kleine Tricks, Abwandlungen des Experiments und andere Bemerkungen an.

Wie in Band zwei wurden viele Spielzeuge zur Erklärung physikalischer Sachverhalte verwendet. Zu beziehen sind diese im guten Spielzeughandel und bei diversen Märkten. Da viele Spielzeuge oft einem Modetrend unterliegen und nur eine gewisse Zeit im Handel erhältlich sind, sollte man nicht zögern, sich rechtzeitig einzudecken.

Viel Spaß und Freude bei der feuchten und tönenden Rundreise durch die Physik!

Werner Rentzsch

Teilchen sucht Teilchen

Kohäsion
Adhäsion

Die schwebenden Bleischeiben 11
Aus zwei mach eins 12
Die Sichtbarmachung 13
Die Füllhilfe 14
Das schwebende Massestück 15
Mit Blei geschrieben 16
Mum 17

Die schwebenden Bleischeiben
(Wirkung von Kohäsionskräften)

Das wird gebraucht:
Brenner, Dreifuß, Tondreieck, Porzellanschale, Tiegelzange, Marmorplatte, Bleistücke oder Zinnstücke (ev. Figuren vom Sylvesterbleigießen)

So wird es gemacht:
In einer Porzellanschale werden einige Metallstücke, wie sie zum Bleigießen verwendet werden, eingeschmolzen. Auf eine gut gereinigte, glatte Marmorplatte gießt man die Schmelze in zwei Teilen. Nun läßt man die Schmelze erstarren und abkühlen. Preßt man die zwei glatten Metallplatten zusammen, so haftet die eine an der anderen.

Für das Zusammenhalten der Metalle ist die Kohäsionskraft verantwortlich. Diese hat nur eine sehr kleine Reichweite. Daher gelingt der Versuch nur, wenn beide Platten wirklich plan und sehr glatt sind.

Das ist noch wichtig:
◆ Statt Blei- oder Zinnstücke kann man für diesen Versuch Figuren nehmen, die man zum Bleigießen zu Sylvester verwendet. Günstig ist es, sich einige Tage vor Sylvester bei den Verkaufsständen mit einem Jahresvorrat einzudecken. Die Figuren bestehen meist aus Zinnlegierungen, die auch sehr gut zum Ausgießen von Gipsabdrücken geeignet sind. Man kann natürlich auch die nicht mehr gebrauchten Reste vom Bleigießen verwenden.

◆ Nach dem Ausgießen der Schmelze kann in der Porzellanschale ein bunter Belag von Zinnoxiden beobachtet werden.
◆ Beim Vereinigen der beiden Metallplatten ist es günstig, diese fest gegeneinanderzuschieben. Keinesfalls dürfen die Metallflächen berührt werden oder feucht sein. Um ganz sicherzugehen, kann man die Platten im noch warmen Zustand aneinanderpressen.

◆ *Teilchen sucht Teilchen* ◆

- Zur Haftdemonstration hält man das hervorragende Metallstück mit der Hand oder knüpft es an eine Schnur und hängt die beiden Platten auf.
- Ursprünglich stammt der Versuch von Michael Faraday: „Man schmelze etwas Blei in einem eisernen Löffel oder einer thönernen Tabackspfeife und gieße es auf einen möglichst ebenen Stein aus, wodurch man eine glatte glänzende Bleimasse erhält - es ist besser, das Blei zu schmelzen als glatt zu schaben, weil dadurch die Oberfläche desselben eine Veränderung erleidet. - Nimmt man nun zwei solche Bleiplatten, die erst kurz vorher hergestellt waren, so lassen sich dieselben leicht zu einer einzigen vereinigen; man braucht nämlich nur die Molecüle der einen Platte denen der anderen durch Aneinanderdrücken so zu nähern, daß die Anziehung, welche die Theilchen ausüben, zur Geltung kommt. Zu diesem Zweck preßt man nur die glänzenden Flächen stark aufeinander, indem man die Platten gleichzeitig etwas dreht, und sie haften dann so stark zusammen, daß sie weder durch Biegen noch durch Drehen oder Reißen von einander zu trennen sind. So stark ist also die Anziehung der Theile, daß das Blei hält, als ob es zusammengelöthet wäre."

Aus zwei mach eins
(Kohäsionskräfte des Wassers)

 ### Das wird gebraucht:
Kunststoffbecher, Nadel oder dünner Nagel, Unterstellgefäß, ev. Brenner oder Feuerzeug

 ### So wird es gemacht:
In den Boden eines Kunststoffbechers sticht man in einem Abstand von ca. 8 mm zwei kleine Löcher.
Man füllt den Becher mit Wasser, hält die Öffnungen mit den Fingern zu und läßt dann das Wasser über einem Gefäß ausfließen.
Zwei parallele Wasserstrahlen treten aus dem Becher aus. Nun berührt man die Öffnungen mit Daumen und Zeigefinger und führt eine Bewegung aus, als wollte man die beiden Strahlen miteinander verdrehen.
Entfernt man die Finger, kommen die beiden Strahlen „verknüpft" aus dem Becher.
Aufgrund der Kohäsion bleiben die beiden Wasserstrahlen zusammen, wenn sie sich einmal berühren.

Das ist noch wichtig:
- Zum Bohren der Löcher nimmt man entweder eine Nadel oder einen im Brenner oder mit dem Feuerzeug erwärmten dünnen Nagel.
- Der Abstand und die Lochgröße können durch Ausprobieren variiert werden.
- Auch die richtige „Knüpfbewegung" muß man einige Male üben.

Die Sichtbarmachung
(Kapillarwirkung und Adhäsionskräfte)

Das wird gebraucht:
Petrischale, 2 Glasplatten, Gummiring, stark gefärbtes Wasser

So wird es gemacht:
Die Petrischale wird zur Hälfte mit der gefärbten Flüssigkeit gefüllt. In die Schale stellt man 2 gleich große Glasplatten, drückt sie in der Flüssigkeit stehend aneinander und schiebt sie leicht gegeneinander. Nun sichert man die Glasplatten mit einem Gummiring.
Zwischen den Glasplatten steigt die Flüssigkeit hoch.
Aufgrund der Kapillarwirkung steigt die Flüssigkeit; die Adhäsionskraft zwischen Glas/Wasser/Glas hält die Glasplatten zusammen (der Gummiring dient nur zur Fixierung).

Das ist noch wichtig:
- Eine sehr intensive Färbung des Wasser erreicht man durch Auflösung von Kaliumpermanganat in Wasser. Allerdings entstehen auf der Haut leicht braune Flecken. Glasgeräte, die mit Kaliumpermanganatlösung verunreinigt sind, können leicht mit verdünnter Salzsäure gereinigt werden.
- Besonders gut sieht man die Farbe bei Verwendung eines weißen Hintergrundes.
- Die Farbe dient nur zur Sichtbarmachung des dünnen Wasserfilms. Im Alltag kann oft beobachtet werden, daß zwischen glatten nassen Flächen eine Anziehungskraft besteht. Das ist z. B. der Fall, wenn man gewaschene Glasplatten noch naß auf glatte Flächen legt.

Die Füllhilfe
(Wasser am Glasstab - Adhäsion)

Das wird gebraucht:
Kleines Marmeladegläschen oder Becherglas, Glasstab, kleines Glasfläschchen oder anderes Gefäß, Lebensmittelfarbe

So wird es gemacht:
Über ein mit Wasser gefülltes Gläschen legt man einen Glasstab und hält ihn mit dem Zeigefinger fest. Neigt man langsam das Gläschen, so fließt das Wasser entlang des Glasstabes in das untergehaltene (bzw. -gestellte) Gefäß.
Die Ursache für das Entlangfließen sind die wirkenden Adhäsionskräfte zwischen Glas und Wasser.

Das ist noch wichtig:
- Diese Methode des Umfüllens ist günstig, wenn die Gefäße rundherum einen glatten Rand besitzen - anders als bei Bechergläsern.
- Soll Flüssigkeit in ein Gefäß mit einer engen Einfüllöffnung gegossen werden, eignet sich diese Methode sehr gut. Die Flüssigkeit fließt in einem dünnen Strahl direkt in das Gefäß.
- Bevor man auf die beschriebene Art Säuren und andere gefährliche Flüssigkeiten umgießt, sollte man mit Leitungswasser üben.
- Um Verletzungen zu vermeiden und ein gutes Abfließen zu ermöglichen, sollte der Glasstab auf beiden Seiten rundgeschmolzen werden.
- Bei einiger Übung gelingt der Versuch leicht und macht auf Laborneulinge großen Eindruck.
- Um diese Methode als Versuch zu demonstrieren, ist es günstig, das Wasser mit Lebensmittelfarbe zu färben.

Das schwebende Massestück
(Die Stärke der Adhäsionskräfte)

Das wird gebraucht:
Zwei Glasplatten, Massestück (1/2 kg)

So wird es gemacht:
Eine Glasplatte wird mit Wasser befeuchtet. Eine zweite Glasplatte wird derart auf die untere Platte gepreßt, daß diese ein Stück hervorragt. Nun stellt man das Massestück auf die untere Glasplatte und hebt sie mit der oberen Platte vorsichtig an.
Trotz des relativ großen Gewichts hält die untere Platte aufgrund der Adhäsionskraft.

Das ist noch wichtig:
◆ Zur Sichtbarmachung des Flüssigkeitsfilmes kann das Wasser auch gefärbt werden.
◆ Die beiden Glasplatten müssen vor Versuchsbeginn gut aneinandergerieben werden - der Flüssigkeitsfilm sollte die gesamte Berührungsfläche zwischen den Platten benetzen.
◆ Auch sollten die Glasplatten nicht zu hoch gehoben werden - nach einiger Zeit lösen sich die Platten wieder voneinander, und es besteht Bruchgefahr (ev. weiches Tuch unterlegen).
◆ Das Massestück sollte bis an den Rand der Glasplatte geschoben werden.
Steht es zu weit vorne, ist die Kraft durch die Hebelwirkung zu stark, und die Platten lösen sich vorzeitig.

Teilchen sucht Teilchen

Mit Blei geschrieben
(Adhäsion von Graphit und Blei)

Das wird gebraucht:
Graphitmineral, Bleiblech, Bleistift, weißes Papier, ev. Schleifpapier

So wird es gemacht:
Mit einem Graphitmineral, einem Bleiblech und einem Bleistift schreibt oder zeichnet man auf einem weißen Stück Papier.
In allen drei Fällen bildet sich ein schwarzer Strich.
Blei und Graphit haften durch starke Adhäsion am Papier.

Das ist noch wichtig:

◆ Das Bleiblech kann leicht geschmirgelt werden; Vorsicht: Bleistäube sind giftig - nicht einatmen.
◆ Früher - bis zum Mittelalter - wurde metallisches Blei in Form von Bleigriffeln auch zum Zeichnen bzw. Schreiben verwendet.
◆ Der Name Bleistift kommt aber nicht direkt vom Metall Blei. Die Bleistiftmacher in Nürnberg nannten im 17. Jahrhundert die Klammerform zum Halten von Bleiweiß „Bleystefft" („Bleyweißstefft"). Bleiweiß wurde mit Leinöl angerührt als Farbe mit hoher Deckkraft verwendet.
Als später in England, Nürnberg und Wien Graphit für die Minen verwendet wurde, blieb der alte Name erhalten.
◆ Die heutigen Bleistifte bestehen üblicherweise aus 2 Teilen Graphit und 1 Teil Ton. Der Tongehalt und die Brenntemperatur bestimmen die Bleistifthärte.

◆ *Experimente mit Spaß* ◆

Mum
(Adhäsion)

Das wird gebraucht:
Weißes Papier, Kerze, Bleistift (weich)

So wird es gemacht:
Mit einer Kerze schreibt man auf weißes Zeichenpapier. Über die Kerzenschrift fährt man vorsichtig mit einem weichen Bleistift.
Die vorher fast unsichtbare Kerzenschrift ist nun erkennbar.
Das Graphit des Bleistiftes haftet durch Adhäsion gut am Papier, aber nur wenig auf der Paraffinspur der Kerze.

Das ist noch wichtig:
- Beim Anmalen mit dem Bleistift sollte man darauf achten, nur sehr leicht aufzudrücken.
- Besonders gut ist die Schrift zu erkennen, wenn man sie von der Seite her betrachtet (spiegelt).
- Auf Türkisch heißt Kerze Mum.
- Die Kerzen können auch aus Stearin, Bienenwachs und anderen Stoffen bestehen; der Versuch gelingt bei allen Kerzenarten.

Teilchen sucht Teilchen

Zarte Bande

Oberflächenspannung

Kapillarwirkung

Viskosität

Das feuchte Sparschwein 21
Der Nadelwald 22
Schwimmnadeln 22
Wer schwimmt mit? 23
Der Weinkork unter Wasser 24
Der trockene Finger 25
Eine gepfefferte Sache 26
Spannungslos 26
Die Kraft der Oberfläche 27
Radiale Farbspuren 28
Der Bärlappring 29
Die Abnabelung 29
Buntkreide 30
Bis zum letzten Wipfel 31
Der rote Spalt 32
Das Dünne macht das Rennen 32
Der Bierdeckelturm 33
Zäh wie Honig 34

Das feuchte Sparschwein

(Oberflächenspannung von Wasser I)

Das wird gebraucht:
Trinkglas, Münzen, Spritzflasche oder Tropfpipette

So wird es gemacht:
Ein Trinkglas wird vollständig mit Wasser gefüllt. Nun läßt man vorsichtig Münzen in das Wasser gleiten. Auch nach einer großen Anzahl von Münzen geht das Wasser nicht über.

Die relativ geringe Steighöhe und die Oberflächenspannung des Wassers verhindern das Überfließen.

Das ist noch wichtig:

- Das Glas sollte vor dem Versuch gut gereinigt werden - keinesfalls dürfen Spülmittelreste im Glas sein (Geschirrspülmittel setzt die Oberflächenspannung stark herab).
- Der Glasrand sollte auch nicht naß sein. Dazu füllt man das Glas bei der Wasserleitung, stellt es auf den Tisch und füllt das restliche Wasser bis zum Rand mit einer Pipette oder Spritzflasche ein.
- Je vorsichtiger man die Münzen in das Glas gleiten läßt (wie bei einem Sparschwein), desto mehr Münzen schafft man.
- Dieser Versuch kann auch als Wettbewerb durchgeführt werden. Wer schafft mehr Münzen?
- Mathematikbegeisterte Physiker können das Phänomen auch durch Berechnungen erklären. Kennt man den Durchmesser der Münzen, deren Dicke und den Glasdurchmesser, kann die Steighöhe leicht berechnet werden.

Das Volumen der Münzen enspricht der Volumsformel für Zylinder. Multipliziert man mit der Münzenzahl, erhält man das Gesamtvolumen. Formt man die Zylinderformel explizit nach h um, kann man die Wassersteighöhe berechnen.

Der Nadelwald
(Oberflächenspannung von Wasser II)

Das wird gebraucht:
Kleines Gläschen, Stecknadeln

So wird es gemacht:
Ein kleines Gläschen wird vollständig mit Wasser gefüllt. Nun läßt man Stecknadeln in das Wasser gleiten, bis sie aus der Wasseroberfläche herausragen. Das Wasser steigt zwar, aber aufgrund der Oberflächenspannung fließt das Wasser nicht aus.

Das ist noch wichtig:
◆ Dieser Versuch ist besonders verblüffend, da ja das Glas mit Stecknadeln gefüllt ist und man aus der Erfahrung weiß, daß Körper beim Eintauchen Wasser verdrängen.
◆ Der Glasrand sollte für diesen Versuch sauber und trocken sein.
◆ Wie im Versuch „Das feuchte Sparschwein" kann man das Gesamtvolumen der eingeworfenen Stecknadeln berechnen und auf die Steighöhe im Glas schließen.

Schwimmnadeln
(Oberflächenspannung von Wasser III)

Das wird gebraucht:
Flache Glasschale oder Teller, bzw. Petrischale, Stecknadeln, Büroklammer

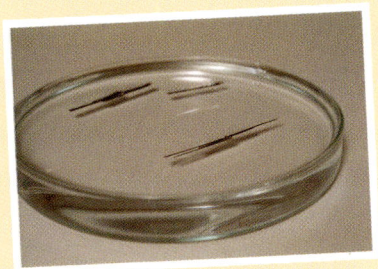

So wird es gemacht:
Eine Glasschale wird mit Wasser gefüllt. Auf die Oberfläche des Wassers legt man vorsichtig eine oder mehrere Stecknadeln. Aufgrund der Oberflächenspannung des Wassers schwimmen die Nadeln.

Das ist noch wichtig:
◆ Die Glasschale muß vollkommen frei von Spülmitteln sein, die ja die Oberflächenspannung stark herabsetzen.
◆ Beim Aufsetzen der Nadeln auf die Oberfläche kann man folgendermaßen vorgehen: man biegt aus einer Büroklammer oder einem Stück Draht eine kleine Halterung, mit der man die Nadeln auf die Oberfläche legen kann.

◆ *Experimente mit Spaß* ◆

Wer schwimmt mit?

(Schwimmen durch Oberflächenspannung)

Das wird gebraucht:

Wasserbecken, Kupfer- oder Aluminiumdrahtnetz, Drahtschere, Zündholzschachteln

So wird es gemacht:

Aus einem feinmaschigen Kupfer- oder Aluminiumdrahtnetz schneidet man ein Rechteck (ca. 12 cm x 8 cm) aus. Die Ränder werden rundherum ca. 1 cm hoch aufgebogen. Das „Netzschiffchen" wird vorsichtig auf die Wasseroberfläche gelegt und mit einer oder mehreren Zündholzschachteln beladen. Das „Schiffchen" geht trotz der Löcher nicht unter. Die Oberflächenspannung verhindert das Eindringen des Wassers.

Das ist noch wichtig:

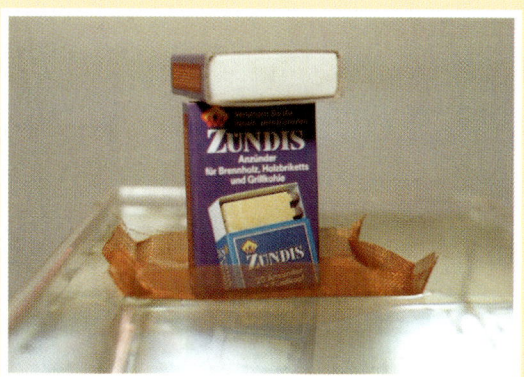

- Der Rand des Netzes wird so aufgebogen, daß in den Ecken ein kleines V entsteht; es sollten keine scharfen Netzränder in das Wasser ragen.
- Der Boden des „Schiffchens" sollte möglichst flach sein.
- Zum Beladen verwendet man nur die Streichholzschachteln ohne Streichhölzer.
- Beim Beladen ist darauf zu achten, daß die Schachteln genau in der Mitte stehen.
- Je feiner das Drahtnetz, desto stärker wirkt die Oberflächenspannung.
- Ohne Oberflächenspannung würden die Metalle sinken: Dichte von Aluminium - 2,7 g/cm^3, Dichte von Kupfer - 8,92 g/cm^3.

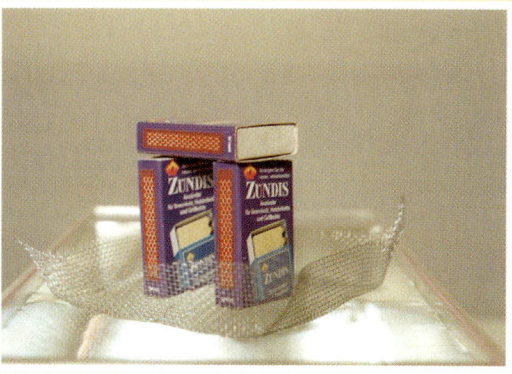

Der Weinkork unter Wasser
(Die Oberflächenspannung wirkt gegen den Auftrieb)

Das wird gebraucht:
Flaschenkork, fester Draht, Zwickzange, Schrauben, Glas oder Becherglas

So wird es gemacht:

Es wird aus Draht ein kleiner Drahtring gebogen, der mit vier Drahtstücken am Kork durch Hineinstecken fixiert wird. In die andere Korkseite schraubt man so viele kleine Holzschrauben, bis der Kork gerade unter der Wasseroberfläche schwimmt und der Drahtring an seinen Halterungen aus dem Wasser ragt (ausprobieren - hängt von dem Gewicht der Schrauben und der Korkgröße ab). Nun drückt man den Kork vorsichtig so weit unter Wasser, bis auch der Drahtring unter der Wasserfläche liegt und läßt die Anordnung aus. Der Ring bleibt unter Wasser.

Die am Ring wirkende Oberflächenspannung verhindert, daß der Ring wieder aufsteigt. Genau betrachtet kann man behaupten, daß die Oberflächenspannung stärker ist als die nach oben gerichtete Auftriebskraft.

Das ist noch wichtig:
- Gut geeignet für diesen Versuch ist verzinkter Eisendraht oder der Draht größerer, aufgebogener Büroklammern.
- Um den Schwimmer ohne Berührung wieder zum Auftauchen zu bringen, kann dem Wasser etwas Spülmittel zugesetzt werden. Dieses zerstört die Oberflächenspannung.

Experimente mit Spaß

Der trockene Finger
(Oberflächenspannung und Bärlappsporen)

Das wird gebraucht:
Wasserglas, Bärlappsporen (Lycopodium)

So wird es gemacht:
Man streut auf die Wasseroberfläche in einem Glas etwas Bärlappulver. Die gesamte Oberfläche soll gleichmäßig mit dem Pulver bedeckt sein und keine Risse bilden.
Nun taucht man vorsichtig den Finger ins Wasser.
Zieht man den Finger wieder aus dem Wasser, kann anhaftendes Pulver weggeblasen werden; der Finger ist also trocken geblieben.
Zwischen Finger und Wasser bildet sich aufgrund der Oberflächenspannung eine schützende Schicht.

Das ist noch wichtig:
- Besonders eindrucksvoll ist der Versuch, wenn das Wasser ziemlich kalt ist (rinnen lassen). Die Versuchsperson glaubt dann durch das empfundene Kältegefühl, daß der Finger wirklich naß geworden ist und ist wirklich sehr verwundert, wenn das nicht so ist.
- Beim Eintauchen des Fingers in das Wasser darf der Bärlappfilm nicht reißen - lange Fingernägel können den Versuch stören.
- Bestreut man die Oberfläche besonders dicht und sorgfältig mit Bärlappulver, gelingen Eintauchtiefen bis zu mehreren Zentimetern.
- Bärlappsporen sind in Apotheken unter dem lat. Namen Lycopodium erhältlich.
- Bärlappsporen bestehen aus den sehr leichten, gelblichen Sporen verschiedener Bärlapparten. Aufgrund ihres hohen Gehalts an leicht brennbarem Öl, werden sie auch zur Herstellung von Theaterblitzen und Feuerwerken verwendet.

Zarte Bande

Eine gepfefferte Sache
(Herabsetzung der Oberflächenspannung)

Das wird gebraucht:
Suppenteller, Pfefferstreuer, Spülmittel

So wird es gemacht:
Man füllt einen Suppenteller mit Wasser und streut gleichmäßig über die Oberfläche Pfeffer. Nun tropft man wenig Spülmittel auf einen Finger und berührt die Wasseroberfläche. Der Pfeffer bewegt sich schnell an den Rand des Suppentellers. Das Spülmittel löst sich im Wasser und zerstört die Oberflächenspannung.

Das ist noch wichtig:
◆ Um die Zuseher neugierig zu machen, kann man auch eine kleine Vorgeschichte erzählen. Man behauptet, magische Finger zu besitzen, mit denen man den Pfeffer durch bloße Berührung an den Rand zwingen könne. Das Spülmittel muß bei dieser Vorgangsweise natürlich heimlich vor dem Versuch auf den Finger gegeben werden.
◆ Für den Versuch sollte man nur einen weißen Teller verwenden; ein mögliches Muster stört.

Spannungslos
(Herabsetzung der Oberflächenspannung)

Das wird gebraucht:
Standzylinder oder hohes Gefäß (z. B. abgeschnittene PET-Flasche), 10 g-Stück oder andere Aluminiummünze, gebogenes Drahtstück (oder Gabel, bzw. Papierstreifchen), Spülmittel

So wird es gemacht:
Man füllt das Gefäß bis zum oberen Rand mit Wasser und legt mit einem gebogenen Drahtstück (man kann die Münze auch auf ein Papierstreifchen legen, das man an beiden Seiten hält) die Münze vorsichtig auf die Wasseroberfläche - von der Seite sieht man deutlich das tiefe Einsinken. Bei Spülmittelzugabe sinkt die Münze.
Trotz der großen Dichte der Münze sinkt diese nicht. Die Ursache liegt in der Oberflächenspannung des Wassers.
Bei Spülmittelzugabe wird die Oberflächenspannung zerstört, und die Münze sinkt.

◆ *Experimente mit Spaß* ◆

Das ist noch wichtig:
- ◆ Aus einer großen Büroklammer oder einem Stück Draht kann leicht eine gewinkelte Münzhalterung gebogen werden.
- ◆ Die Dichte des 10 g-Stücks (hauptsächlich Aluminium) beträgt ca. 2,7 g/cm³.
- ◆ Der Versuch kann auch in kleinen Gläsern durchgeführt werden, ist aber in hohen Gläsern eindrucksvoller, da das Absinken der Münze länger beobachtet werden kann.

Die Kraft der Oberfläche
(Die Oberflächenspannung wird gemessen)

Das wird gebraucht:

Kunststoffspirale oder empfindlicher Kraftmesser (z. B. bis 0,1 N!), Petrischale oder kleiner Teller, Joghurtbecher, scharfes Messer, Nagel, Brenner oder Feuerzeug, dünner Draht oder Garn, Stativ und Stativmaterial, Laborhebebühne

So wird es gemacht:

Die Kunststoffspirale mit dem Kunststoffring wird im Stativ fixiert. Die Hebebühne (und das Stativ) wird so eingerichtet, daß der Ring gerade die Wasseroberfläche in der Petrischale berührt. Nun kurbelt man die Hebebühne langsam nach unten. Die Oberflächenspannung hält den Ring eine Zeitlang fest. Ist die Zugkraft stärker als die Oberflächenspannung, dann schnellt die Feder nach oben. Bei der Verwendung eines Kraftmessers kann die wirkende Kraft abgelesen werden.

Das ist noch wichtig:
- ◆ Statt der Kunststoffspirale kann auch ein empfindlicher Kraftmesser verwendet werden.
- ◆ Diese Art von Kunststoffspiralen sind auf Jahrmärkten und gut sortierten Spielzeughandlungen erhältlich.
- ◆ Steht keine Hebebühne zur Verfügung, hält man den Kraftmesser in der Hand und zieht ihn vorsichtig nach oben.
- ◆ Herstellung des Kunststoffringes: der obere Rand eines Joghurtbechers wird mit einem scharfen Messer abgeschnitten; vier Löcher werden mit einem heißen Nagel gebohrt; ein dünner Draht dient als Halterung.

Radiale Farbspuren
(Oberflächenspannung und Farbstoffe)

Das wird gebraucht:
Overheadprojektor, Kristallisierschale oder große Petrischale, Glasstab, Geschirrspülmittel, Eosinpulver, Methylenblaupulver

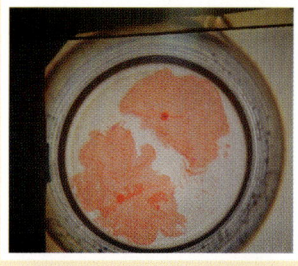

So wird es gemacht:
In die Glasschale füllt man ca. 1 cm hoch Wasser und stellt scharf. Man richtet einen Glasstab her, der am Ende mit etwas Geschirrspülmittel benetzt ist. Nun streut man etwas Eosinpulver auf die Wasseroberfläche und berührt sofort mit dem Glasstab die Mitte der Wasseroberfläche.
Radial nach außen entstehen rote Spuren von dem sich im Wasser lösenden Eosin.
Das Geschirrspülmittel zerstört die Oberflächenspannung.
Ebenso verfährt man mit Methylenblaupulver - allerdings wartet man einige Sekunden nachdem man das Pulver aufgestreut hat, bevor man mit dem Glasstab berührt.

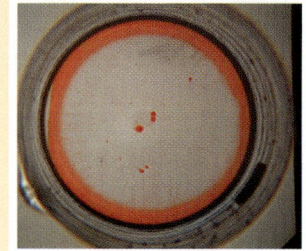

Das ist noch wichtig:
◆ Beim Eosin muß man sofort die Oberfläche zerstören; wartet man zu lange, löst sich das Eosin, und es ensteht keine rote Spur.
Das Methylenblaupulver hingegen muß sich erst ein wenig lösen, um gute Spuren zu bilden.
◆ Der Versuch erfordert etwas Übung. Sowohl ein zuviel als auch ein zuwenig aufgestreutes Pulver liefert keine guten „Bilder".
◆ Statt der beiden verwendeten Chemikalien können natürlich auch andere Farbstoffe ausprobiert werden.
◆ Das besonders Reizvolle an diesen Versuchen ist, daß jedesmal die Farbbilder etwas anders aussehen.

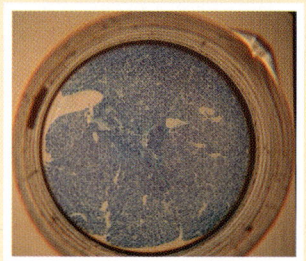

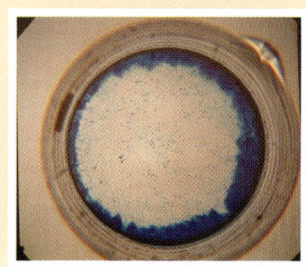

Der Bärlappring
(Oberflächenspannung und Bärlapp)

Das wird gebraucht:
Overheadprojektor, Kristallisierschale oder große Petrischale, Bärlappulver, Glasstab, Geschirrspülmittel

So wird es gemacht:
Eine Glasschale wird ca. 1 cm hoch mit Wasser gefüllt. Auf die Oberfläche streut man gleichmäßig eine dünne Schicht Bärlappsporen. Man stellt den Projektor auf die Oberfläche in der Schale scharf (die feinen Risse im Pulver sind deutlich sichtbar).
Nun berührt man mit einem Glasstab, den man vorher mit Geschirrspülmittel benetzt hat. Die Teilchen weichen nach außen aus, und es entsteht eine ringförmige Spur, die schließlich bis zum Rand reicht.
Durch das Geschirrspülmittel wird die Oberflächenspannung des Wassers zerstört.

Das ist noch wichtig:
◆ Statt mit Bärlappulver kann der Versuch auch mit Pfeffer durchgeführt werden.
◆ Bärlappulver erhält man unter dem Namen Lycopodium in Apotheken.

Die Abnabelung
(Oberflächenspannung und Öl)

Das wird gebraucht:
Overheadprojektor, Kristallisierschale oder große Petrischale, Glasstab, Geschirrspülmittel, Speiseöl, Sudan (III), kleines Gläschen und Rührstab

So wird es gemacht:
In einem kleinen Gläschen wird etwas Speiseöl mit wenig Sudan (III) versetzt und dadurch gefärbt. Auf den Overheadprojektor stellt man eine Glasschale mit wenig Wasser und tropft auf die Oberfläche etwas gefärbtes Öl. Man berührt mit einem Glasstab, den man vorher in Geschirrspülmittel getaucht hat.
Auf der Wasseroberfläche entstehen orangerot gefärbte Öltropfen, die sich mit der Zeit etwas verändern.
Die größte „Ölscheibe" berührt man in der Mitte mit dem Glasstab - es entsteht ein kleiner „Ölring". Das Geschirrspülmittel zerstört die Oberflächenspannung des Wassers.

◆ *Zarte Bande* ◆

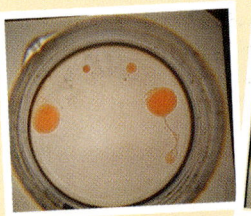 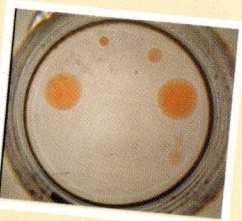 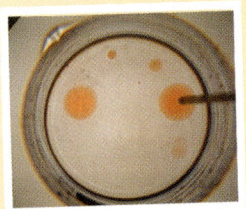 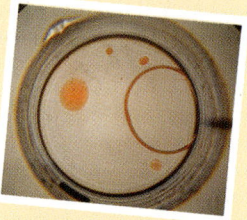

Das ist noch wichtig:
- Statt das Öl mit Sudan zu färben, kann auch Rosenpaprika verwendet werden.
- Im abgebildeten Versuch trennt sich ein kleiner Öltropfen von seiner „Mutter" - die Abnabelung erfolgt ohne fremdes Zutun.
- Diese Art von „Öltropfenversuchen" ergeben immer wieder neue, überraschende Bilder und Vorgänge.

Buntkreide
(Kapillarwirkung in Kreide I)

Das wird gebraucht:
Weiße Tafelkreide, kleine Petrischalen, Lebensmittelfarben

So wird es gemacht:
In die Petrischalen füllt man in Wasser gelöste Lebensmittelfarben (sollten ziemlich konzentriert sein).
Nun stellt man eine Kreide in die Petrischale. Durch die Kapillarwirkung steigt die Flüssigkeit, und die Kreide färbt sich in kurzer Zeit.

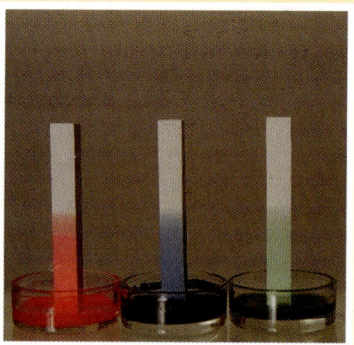  

Das ist noch wichtig:
- Man kann aber auch folgendermaßen verfahren: man stellt eine weiße Kreide solange in die Lebensmittelfarbe, bis diese 1 cm bis 2 cm hoch gestiegen ist und wechselt dann die Farbe. Es gibt viele Kombinationsmöglichkeiten.

Experimente mit Spaß

Bis zum letzten Wipfel
(Kapillarwirkung in Kreide II)

Das wird gebraucht:
Stativ und Stativmaterial, langes Glasrohr (mindestens ein Meter) - der Durchmesser sollte gerade so groß sein, daß weiße Tafelkreide leicht in das Rohr geschoben werden kann, weiße Tafelkreide, Becherglas, Lebensmittelfarbe

So wird es gemacht:
Das Glasrohr wird auf den Arbeitstisch gelegt und vollständig mit Kreidestücken gefüllt. Das Becherglas wird mit Lebensmittelfarblösung (ziemlich konzentriert) gefüllt. Das Glasrohr mit den Kreiden wird vorsichtig in das Becherglas gehoben und im Stativ fixiert. Das Glasrohr soll so eingespannt werden, daß zwischen Rohr und Becherglasboden ein Stück frei bleibt.
Die Farbe steigt durch die Kapillarwirkung bis zur letzten Kreide.

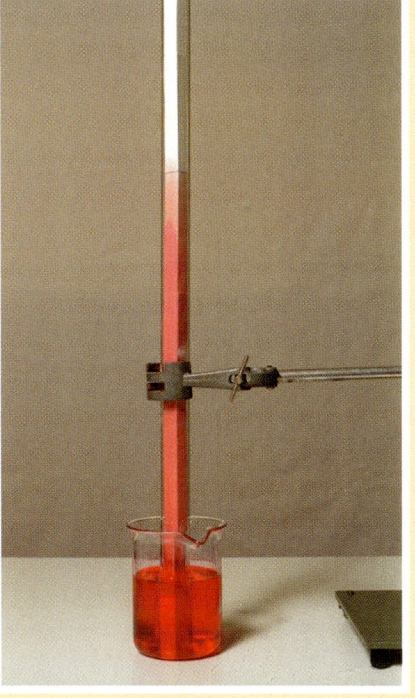

Das ist noch wichtig:
◆ Man muß darauf achten, daß im Becherglas immer genug Farbstofflösung ist.
◆ Gießt man im Becherglas statt Farblösung reines Wasser nach, gelingt es manchmal, daß sich die Kreide im unteren Teil fast entfärbt und sich die Farbe in der obersten Kreide konzentriert.
◆ Bei der Verwendung von 17 Kreidestücken dauert es etwa 4 Tage, bis die Farbe in der letzten Kreide angelangt ist.
◆ Als Abwandlung des Experientes kann man die Farbe im Becherglas von Zeit zu Zeit ändern - man erhält dann eine Kreidesäule in verschiedenen Farben.
◆ Mit diesem Versuch soll gezeigt werden, daß Flüssigkeiten durch die Kapillarwirkung sehr hoch steigen können - bei Pflanzen wird der Transport von Flüssigkeiten auch durch andere Komponenten bewerkstelligt (z. B Verdunstung, Wurzeldruck).

Der rote Spalt
(Kapillarwirkung zwischen Glasplatten)

Das wird gebraucht:
Große Petrischale, zwei Glasplatten, Gummiring, Streichholz, stark gefärbtes Wasser

So wird es gemacht:
Eine Petrischale wird zur Hälfte mit gefärbtem Wasser gefüllt. Zwei Glasplatten werden so zusammengefügt, daß ein keilförmiger Spalt entsteht. Dazu schiebt man auf einer Seite ein Zündholz zwischen die Platten und fixiert sie mit einem Gummiring. Nun stellt man die Glasplatten in die Schale. Günstig ist es auch, die Platten leicht gegeneinander zu verschieben. Zwischen den Glasplatten steigt das gefärbte Wasser auf.
Je dünner der Spalt, desto stärker ist die Kapillarwirkung und um so höher steigt das Wasser.

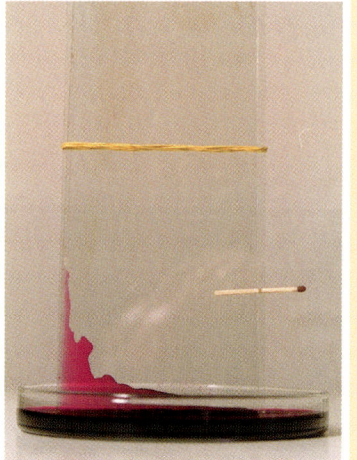

Das ist noch wichtig:
◆ Sehr intensiv kann das Wasser mit Kaliumpermanganat gefärbt werden.
◆ Weißen Hintergrund verwenden.
◆ Um zwischen den Glasplatten eine schön verlaufende Kurve zu erhalten, müssen diese sehr gut gereinigt werden.

Das Dünne macht das Rennen
(Kapillarwirkung bei Glasröhrchen)

Das wird gebraucht:
3 verschieden dicke Kapillaren, 3 kleine Petrischalen,
3 verschiedene Lebensmittelfarben, Streifen einer Keramikfliese oder Kartonstreifen, Stativ und Stativmaterial oder andere Halterung, weißer Hintergrund

So wird es gemacht:
Drei Kapillaren mit verschiedenen Durchmessern werden mit Klebestreifchen an einem Fliesenstreifchen fixiert. Die Abstände sollen etwa den Mittelpunkten der 3 nebeneinandergestellten Petrischalen entsprechen. In die 3 Schalen füllt man mit Lebensmittelfarbe gefärbtes Wasser und montiert die Fliese so im Stativ, daß die Röhrenenden in die Flüssigkeit tauchen.
Die unterschiedlichen Steighöhen bei verschieden starken Röhrchen können durch die Verwendung verschiedener Farben schön gezeigt werden.
Die Kapillarwirkung in dünnen Röhrchen wird von Adhäsion und Kohäsion bewirkt und hängt vom Durchmesser ab. Je dünner das Röhrchen, desto größer die Steighöhe.

Das ist noch wichtig:

◆ Die Kapillaren müssen wirklich gleich lang festgeklebt werden, sonst brechen die Röhrchen bei der Montage.
◆ Statt der Montage im Stativ können die Kapillaren auch in 3 kleine Gläschen oder Reagenzgläser gestellt werden.
◆ Günstig ist die Verwendung eines weißen Hintergrundes.
◆ Die Farblösungen sollen ziemlich konzentriert sein, da bei dünnen Kapillaren die Farbe sonst zu hell erscheint.

◆ Die Kapillaren können auch leicht selbst hergestellt werden:
Man hält ein Glasröhrchen (z. B. Durchmesser 8 mm) über die rauschende Brennerflamme (knapp über dem inneren Kegel) und erwärmt unter ständigem Drehen, bis das Röhrchen sehr weich ist. Jetzt zieht man die Glasrohrenden sehr schnell auseinander und hält sie noch kurze Zeit bis zur Abkühlung.
Man legt die Röhrchen auf den Tisch und trennt mit einer Ampullenfeile kleine Glasstückchen ab. Die mittleren Teile sind dünner als die am Rand. Für den Versuch wählt man drei Kapillaren mit verschiedenen Durchmessern aus.

Der Bierdeckelturm
(Kapillarwirkung)

Das wird gebraucht:
Glasschale (z. B. Kristallisierschale oder Salatschüssel), Bierdeckel, schwerer Gegenstand

So wird es gemacht:
Man füllt eine Glasschüssel zur Hälfte mit Wasser und stellt in die Schale einen Bierdeckelturm. Auf den Turm stellt man einen schweren Gegenstand.
Nach einiger Zeit saugen sich die Bierdeckel mit Wasser an, und der Gegenstand wird in die Höhe gedrückt.
Aufgrund der Kapillarwirkung quellen die Bierdeckel und nehmen daher ein größeres Volumen ein.

Das ist noch wichtig:
◆ Um die Aufwärtsbewegung besser beobachten zu können, ist es günstig, den Turm genau bis zum Rand der Glasschale zu errichten.
◆ Der Gegenstand sollte genau in der Mitte des Turmes stehen - sicherer Stand.

Zarte Bande

Zäh wie Honig
(Verschiedene Viskosimeter)

Das wird gebraucht:

Viskosespiel, große Reagenzgläser (z. B. 40 cm) mit passenden Korkstopfen, lange Glasröhren mit passenden Stopfen, Reagenzglashalterungen, ev. Brenner, verschiedene Motorölsorten, verschiedene Haarshampoosorten, Speiseöl, Sudan (III) oder Paprikapulver, Lebensmittelfarben

So wird es gemacht:

a) Das abgebildete käufliche Viskosespiel besteht aus zwei elliptischen Kunststoffgefäßen, die in der Hälfte durch eine Trennwand unterteilt sind. In der Mitte der Trennwände befindet sich je eine kreisförmige Öffnung. In den zur Hälfte mit einer zähen Flüssigkeit gefüllten Gefäßen befindet sich je eine größere Luftblase.
Dreht man das Spiel um, rinnen die verschieden gefärbten Flüssigkeiten durch die Öffnungen und sammeln sich am Boden. Fließt Flüssigkeit aus, muß von unten Luft nachströmen. Dies geschieht in Form von Luftblasen, die in den Flüssigkeiten fast kugelförmige Gestalt annehmen - das ist möglich, weil das Aufsteigen nur relativ langsam erfolgt und die Blasen kräftearm sind.

b) Die abgebildeten „Öltester" können als gebrauchsfähige Viskosimeter verwendet werden. Drei oder mehr ca. 50 cm lange Glasröhren mit einem Durchmesser von ca. 1,5 cm werden über der rauschenden Brennerflamme an einem Ende zugeschmolzen. Nun füllt man in die Glasröhren gerade soviel Öl verschiedener Sorten (versch. Firmen, Ölarten, Sommeröle, Winteröle, Mehrbereichsöle, usw.), daß eine kleine Luftblase bleibt. Die Glasrohröffnungen werden mit passenden Gummistopfen verschlossen.
Nun dreht man die Röhrchen gleichzeitig um und beobachtet, welche Luftblase am schnellsten aufsteigt.
Die Geschwindigkeit des Aufsteigens ist ein Maß für die Viskosität. Je schneller die Luftblase aufsteigt, desto geringer ist die Viskosität der Flüssigkeit.

c) Die abgebildeten „Flüssigkeitstester" zeigen die verschiedenen Viskositäten verschiedener Flüssigkeitsarten. Es wurden von links nach rechts die folgenden Flüssigkeiten verwendet: erstes und zweites Reagenzglas: verschiedene Shampoos; drittes Reagenzglas: Motoröl; viertes Reagenzglas: mit Sudan (III) rot gefärbtes Speiseöl; fünftes Reagenzglas: mit Lebensmittelfarbe grün gefärbtes Wasser. Die letzten beiden Flüssigkeiten wurden bewußt gefärbt, damit man die Flüssigkeiten nicht nach ihrem Aussehen gleich erkennen kann.
Dreht man die Reagenzgläser gleichzeitig um, steigen die Luftblasen verschieden schnell auf. Wieder von links nach rechts betrachtet, nimmt die Viskosität der Flüssigkeiten ab, d.h. die Luftblase im ersten Reagenzglas braucht am längsten und die im Wasser ist am schnellsten aufgestiegen.
Statt alle 5 Röhren gleichzeitig umzudrehen, kann man natürlich auch immer nur zwei Reagenzgläser gleichzeitig umdrehen und so Vergleiche anstellen; z. B. die zwei verschiedenen Shampoos oder Motoröl und Speiseöl.
Unter Viskosität versteht man vereinfacht die Zähigkeit bzw. die innere Reibung einer Flüssigkeit (Anmerkung: auch bei Gasen und sogar bei Festkörpern wird der Begriff Viskosität verwendet).

Das ist noch wichtig:

- Die Viskosespiele sind manchmal im guten Spielzeugfachhandel oder auf Jahrmärkten erhältlich.
- Bei der Herstellung der Viskosimeter ist darauf zu achten, daß die Glasröhren nicht zu eng sind; durch die innere Reibung dauert es sonst relativ lange bis die Luftblasen sich durch die Röhren bewegen.
- Günstig ist es auch, so viel Flüssigkeit einzufüllen, daß die Luftblasen in den zu vergleichenden Viskosimetern annähernd gleich groß sind, um auch richtige Aussagen treffen zu können.
- Beim Verschließen der Röhren an der oberen Seite verwendet man entweder passende Korkstopfen oder Gummistopfen; verwendet man Gummistopfen, muß mit einem Stück Saugpapier die obere Röhrenwand sehr sorgfältig innen ausgewischt werden, da sonst die Gummistopfen immer wieder herausrutschen. Bei sehr viel glasbläserischem Geschick sollte es auch möglich sein, die zweite Glasrohrseite zuzuschmelzen.
- Die Viskosimeter können auch als Motivation zu einer Art Wettbewerb verwendet werden. Wer gewinnt?
- Bei den Ölviskosimetern gibt es viele verschiedene Vergleichsmöglichkeiten: so können z. B. gleichwertige Öle verschiedener Firmen oder sogenannte Winter-, Sommer- und Mehrbereichsöle miteinander verglichen werden.
- Sehr interessant ist es auch, die Abhängigkeit der Viskosität von der Temperatur zu vergleichen. Dazu stellt man zwei Viskosimeter mit dem gleichen Motoröl her. Eines der beiden erwärmt man vorsichtig in der Brennerflamme, indem man es vorsichtig durch die Flamme zieht - das sich erwärmende Öl dehnt sich dabei natürlich aus und die vorhandene Luftblase wird dabei zusammengepreßt (ev. in dem Röhrchen, das erwärmt wird, von Beginn an schon eine größere Luftblase einschließen, um dann über gleichgroße Luftblasen zu verfügen). Läßt man nun die Luftblasen aufsteigen, „gewinnt" die Blase im warmen Öl mit Abstand. Je wärmer das Öl, desto geringer die Viskosität.
- Aus dem Alltag ist bekannt, daß aus sogenannten Honigspendern der Honig manchmal nur sehr träge ausfließt. Kalter Honig besitzt eine große Viskosität. Abhilfe schafft ein Wasserbad mit warmem Wasser, und der Honig wird wieder dünnflüssig.

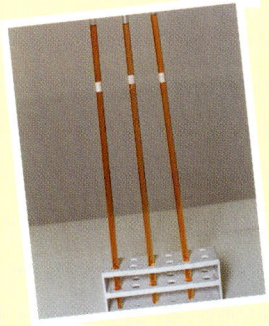

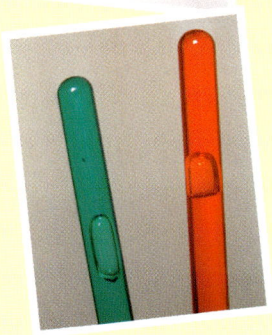

Zarte Bande

Der Trieb nach oben

Dichte
Auftrieb

Die verhexte Eprouvette 39
Der rote Riese und seine Trabanten 39
Die Hüpftreppe und andere Spiele 40
Die verrückten Ostereier 42
Die schwebenden Zwillinge 43
Der bunte Cocktail 44
Die Ölsperre 45
Die kleinen Senkwaagen 46
Die Schwimmkerze 47
Steinheber 47
Die Sandflasche 48
Das Senkblei 50
Kein Auftrieb mehr 51
Vom Salz getragen 52
Auf Tauchstation 53
Das Reisboot 54
Hoch hinaus 55

Die verhexte Eprouvette
(Hubbewegung aufgrund der Dichtedifferenz)

Das wird gebraucht:
2 Reagenzgläser, Unterstellgefäß

So wird es gemacht:
Für den folgenden Versuch benötigt man zwei Reagenzgläser, die gerade mit wenig Spiel ineinander passen.
Man füllt das größere Glas etwa zur Hälfte mit Wasser und schiebt das kleinere Reagenzglas soweit hinein, bis Wasser austritt.
Nun dreht man die Reagenzgläser um und beobachtet.
Das kleinere Reagenzglas bewegt sich nach oben; Wasser tritt aus.
Die Ursache für das Aufsteigen liegt in der Differenz der Dichten von Luft und Wasser.

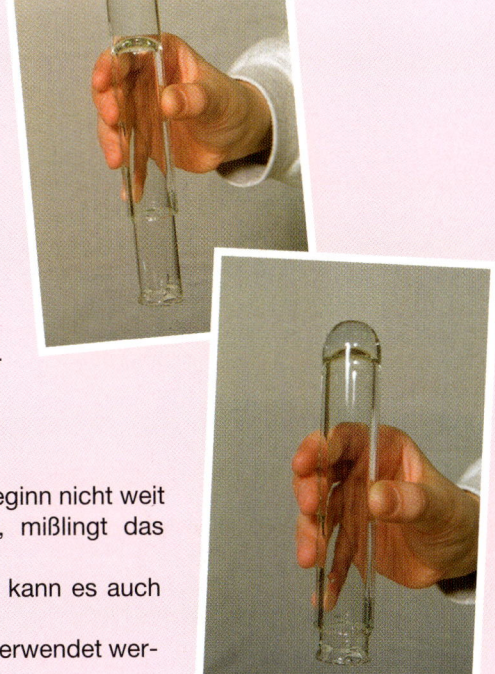

Das ist noch wichtig:
◆ Wird die kleinere Proberöhre zu Versuchsbeginn nicht weit genug in die größere Röhre geschoben, mißlingt das Experiment - vorher ausprobieren.
◆ Um das Wasser besser sehen zu können, kann es auch gefärbt werden.
◆ Für den Versuch sollte ein Unterstellgefäß verwendet werden.
◆ Der Luftdruck hat keinen Einfluß auf diesen Versuch.

Der rote Riese und seine Trabanten
(Öl im kräftefreien Feld)

Das wird gebraucht:
Trinkglas, Becherglas, Glasstab, Spiritus oder Alkohol, Speiseöl, ev. Sudan (III)

So wird es gemacht:
In ein Trinkglas füllt man ein Gemenge von Spiritus und Wasser etwa im gleichen Verhältnis. Aus einem Becherglas läßt man vorsichtig Öl einfließen.
Beim richtigen Mischungsverhältnis Spiritus/Wasser schwebt das Öl in der Flüssigkeit. Auf den Öltropfen wirkt die Auftriebskraft und die Schwerkraft. Da der Tropfen das Energieminimum anstrebt, bildet sich die Tropfenform, wenn sich die beiden Kräfte aufheben.

Der Trieb nach oben

Das ist noch wichtig:

◆ Um nur eine Ölkugel zu erhalten, ist es günstig, das Öl langsam entlang eines Glasstabes in die Spiritus/Wasser-Mischung fließen zu lassen.
◆ Die richtige Flüssigkeitsmischung hängt von der Dichte des Öls ab; sinkt das Öl, fügt man vorsichtig Wasser zu; umgekehrt erreicht man bei Spirituszugabe, daß der Tropfen nach oben strebt.
◆ Für diesen Versuch können entweder Spiritus oder Alkohol verwendet werden; reiner Alkohol ist viel teurer als Spiritus, liefert aber eine klare Lösung.
◆ Besonders nett sieht das Experiment aus, wenn das Öl gefärbt wird. Dazu eignen sich fettlösliche Farbstoffe wie z. B. Sudan (III); auch Rosenpaprika eignet sich zum Färben.
◆ Rührt man mit einem Glasstab um, entsteht ein kleines „Planetensystem", das sich nach einiger Zeit wieder zu wenigen Kugeln vereinigt.
◆ Nach dem Verbrauch der Kernenergie einer Sonne wird diese zum „Roten Riesen" und fällt schließlich zum „Weißen Zwerg" zusammen.

Die Hüpftreppe und andere Spiele
(Dichteunterschied von Flüssigkeiten)

Das wird gebraucht:
Flüssigkeitsspielzeuge: „Hüpftreppe, Kreiselräder, Scheibenfarbe, Zauberstab"

So wird es gemacht:
a) Das Spielzeug „Hüpftreppe" besteht aus einem Gefäß aus Plexiglas mit einer durchsichtigen Zwischenwand. In die beiden Teilgefäße sind durchsichtige Plexiglastreppenstufen eingefügt. Der obere und untere Teil des Gefäßes bleibt durch eine dunkle Kunststoffeinrahmung verborgen.
Dreht man das Spielzeug um, beginnen die zwei verschieden gefärbten Flüssigkeiten aus den Vorratsgefäßen über die Plexiglastreppen zu fließen. Erst kaskadenartig und zum Schluß in immer kleiner werdenden Tröpfchen. Haben sich die beiden Flüssigkeiten am Boden angesammelt, dreht man das Gefäß um, und das Schauspiel beginnt von neuem.
Die gefärbten Flüssigkeiten besitzen eine größere Dichte als die farblose Umgebungsflüssigkeit. Die Flüssigkeiten sind miteinander nicht mischbar.

b) Das Spielzeug „Kreiselräder" besteht aus einem Plexiglasgefäß, das durch eine durchsichtige Wand geteilt ist. In der Mitte befinden sich zwei Vorratsgefäße mit gefärbten Flüssigkeiten. Die Vorratsgefäße besitzen an beiden Seiten trichterförmige Auslaßöffnungen, die auf vier leichtbewegliche Laufräder gerichtet sind.

Dreht man das Spiel um, werden die unteren beiden Laufräder von der Flüssigkeit in Bewegung gesetzt. Ist die gesamte Flüssigkeit abgelaufen, dreht man das Spiel um. Nun beginnen sich die vorher oben befindlichen Räder zu drehen.

Die Dichte der gefärbten Flüssigkeiten ist größer als die der farblosen Umgebungsflüssigkeit. Die Flüssigkeiten sind miteinander nicht mischbar.

c) Das Spielzeug „Scheibenfarbe" besteht aus einem durchsichtigen Gefäß, das vertikal mit Kunststoffscheiben in mehrere Bereiche unterteilt ist. In den Teilgefäßen befinden sich verschieden gefärbte Flüssigkeiten unterschiedlicher Dichte.

Dreht man das Gefäß um, fließen die Flüssigkeiten verschieden schnell durch einen am Ende angebrachten Trichter. Durch die Überlagerung der verschieden gefärbten Flüssigkeitsscheibchen entstehen verschiedene Farben und immer neue Muster.

Die gefärbten Flüssigkeiten besitzen größere Dichte als die umgebende Flüssigkeit. Wie bei Versuchen mit verschieden gefärbten Farbfolien ergeben sich subtraktive Farbmischungen.

d) Das Spielzeug „Zauberstab" besteht aus einem zylinderförmigen durchsichtigen Kunststoffgefäß. Im Gefäß befinden sich eine farblose Flüssigkeit und eine gefärbte Flüssigkeit. Zusätzlich befinden sich im „Zauberstab" noch kleine gefärbte Metallblättchen in Form von Kreisen, Sternen und Mondsicheln.

Dreht man den Stab um, bewegen sich die gefärbten Flüssigkeitströpfchen nach unten. Die Metallblättchen streben erst nach oben und schließlich langsam nach unten. Eine kleine Luftblase im Stab sorgt für leichte Durchmischung.

Die gefärbte Flüssigkeit besitzt größere Dichte als die umgebende farblose Flüssigkeit und ist mit dieser nicht mischbar. Die Metallblättchen streben anfangs nach oben, weil die herabfließende Flüssigkeit einen Gegenstrom erzeugt, der die Blättchen mitreißt. Befindet sich die gefärbte Flüssigkeit am Boden, sinken auch die Metallblättchen langsam zu Boden.

Das ist noch wichtig:

- Diese Art von Spielzeugen sind bei Weihnachtsmärkten, im guten Spielzeughandel und in Geschenkartikelgeschäften sowie bei manchen Versandhäusern erhältlich.
- Leider sind die Spiele relativ teuer.

Der Trieb nach oben

Die verrückten Ostereier
(Dichteversuche mit Eiern und Salzwasser)

Das wird gebraucht:
3 PET-Flaschen oder 3 große Trinkgläser, scharfes Messer, 3 Eier gekocht (Ostereier, wenn vorhanden), Kochsalz, Glas, Glasstab oder Löffel, Karton, Bleistift, Schere

So wird es gemacht:
Der obere Teil von 3 PET-Flaschen oder 3 anderen durchsichtigen Kunststoffflaschen wird mit einem scharfen Messer abgeschnitten.
In das erste Gefäß füllt man Wasser und läßt das erste Ei (im Foto blau) hineingleiten. Das Ei sinkt.
Das zweite Gefäß füllt man zur Hälfte mit gesättigter Kochsalzlösung; auf die Flüssigkeit legt man eine Kartonscheibe, die im Durchmesser etwas kleiner ist als die Kunststoffflasche. Auf diese Scheibe gießt man vorsichtig Wasser. Die Scheibe steigt nach oben und kann nach dem Auffüllen abgehoben werden. Nun läßt man vorsichtig das zweite Ei (im Foto grün) hineingleiten. Das Ei schwebt an der Grenzfläche Salzwasser/Süßwasser.
Das dritte Gefäß wird vollständig mit Salzwasser gefüllt. Man läßt das dritte Ei hineingleiten (im Foto rot). Das Ei schwimmt an der Oberfläche.
Im ersten Gefäß geht das Ei unter, weil es eine größere Dichte als Wasser besitzt. Im zweiten Gefäß schwimmt das spezifisch leichtere Ei am Salzwasser, das mit Süßwasser überschichtet wurde (in diesem schwimmt das Ei ja nicht) - es scheint zu schweben. Im dritten Gefäß schwimmt das Ei im spezifisch schwereren Salzwasser.

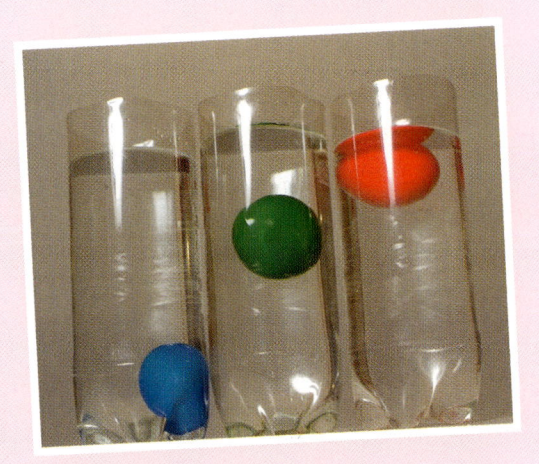

Das ist noch wichtig:
◆ Vorsicht beim Abtrennen der PET-Flaschen - Verletzungsgefahr.
◆ Das Salzwasser kann jeweils entweder direkt in der Flasche bereitet werden oder in einem eigenen Glas. Wird das Salzwasser in einem eigenen Glas hergestellt, darf ruhig ein Bodensatz von Salz überbleiben - die überstehende konzentrierte (gesättigte) Salzlösung wird dann einfach abgegossen (dekantiert). In den Flaschen sollte das Salz nicht am Boden sichtbar sein, weil sonst sofort die Art der Flüssigkeit von den Betrachtern erkannt wird. In beiden Fällen sollte man aber kurze Zeit warten, bis das anfangs leicht trübe Salzwasser klar wird.
◆ Beim Überschichten des Salzwassers verhindert die Kartonscheibe ein Durchmischen; das aufgegossene Wasser fließt fast ohne Verwirbelung über den Rand der Scheibe auf das Salzwasser. Trotzdem sollte man das Wasser vorsichtig aufgießen. Dazu legt man einen Glasstab oder einen Löffel über ein Glas und gießt das Wasser entlang des Stabes bzw. Löffels auf die Scheibe.
◆ Sehr eindrucksvoll ist es, den Versuch fertig zu präsentieren und die Zuschauer raten zu lassen, wie das funktioniert.
◆ Bei rohen Eiern kann als Frischetest auch eine Schwimmprobe durchgeführt werden. Frische Eier sinken, ältere Eier schwimmen, da sich innen eine Gasblase bildet.

◆ Experimente mit Spaß ◆

Die schwebenden Zwillinge
(Dichteversuche)

Das wird gebraucht:
Abgeschnittene PET-Flasche oder andere Kunststoffflasche, Löffel, Kochsalz, Speiseöl, ein oder zwei Eier (ev. gefärbt - Ostereier)

So wird es gemacht:
Eine abgeschnittene PET-Flasche wird zur Hälfte mit gesättigter Kochsalzlösung gefüllt; man läßt nun ein oder zwei Eier auf der Flüssigkeit schwimmen und überschichtet vorsichtig mit Speiseöl.
Die Eier schweben an der Grenzfläche Salzwasser/Öl.
Die Eier schwimmen am spezifisch schwereren Salzwasser; aufgrund seiner geringeren Dichte schwimmt das Öl am Salzwasser.

Das ist noch wichtig:
◆ Vorsicht beim Abtrennen der PET-Flasche - Verletzungsgefahr.
◆ Für diesen Versuch nimmt man das billigste Speiseöl, das man auch für andere Dichteversuche verwenden kann.
◆ Präsentiert man den Versuch fertig, kann man die Zuschauer raten lassen, warum die Eier schweben. Wer den Versuch „Die verrückten Ostereier" kennt und verstanden hat, findet sicher schnell die Lösung.
◆ Etwas schwieriger kann man den Versuch gestalten, wenn man z. B. das Salzwasser mit Lebensmittelfarbe z. B. blau färbt und das Speiseöl z. B. mit Sudan (III) oder Paprika rot bzw. orange. Es läßt sich dann nicht mehr so leicht erkennen, um welche Flüssigkeiten es sich handelt. Die blaue Farbe kann sogar normales statt Salzwasser vortäuschen.
◆ Wie im Versuch „Die verrückten Ostereier" sollte am Boden des Gefäßes kein ungelöstes Kochsalz vorhanden sein.

Der Trieb nach oben

Der bunte Cocktail
(Dichteunterschiede verschiedener Flüssigkeiten)

Das wird gebraucht:
Speiseöl, Kochsalz, Glycerin, Haarshampoo, Lebensmittelfarben, Sudan (III) od. Paprikapulver, Sektglas, Reagenzglas oder andere Gläser, Mischgläser, Glasstab oder Löffel

So wird es gemacht:
In den Mischgläsern (Bechergläser oder Trinkgläser) werden verschiedene Flüssigkeiten gefärbt. Speiseöl wird mit Sudan (III) oder Paprikapulver rot bzw. orange gefärbt. Salzwasser wird mit Lebensmittelfarbe z. B. grün und Glycerin z. B. gelb gefärbt. In einem geeigneten Gefäß überschichtet man nun die einzelnen Flüssigkeiten.

In der Sektflöte befindet sich unten Glycerin, darüber Salzwasser und oben rot gefärbtes Speiseöl. Die Flüssigkeiten von unten nach oben im Reagenzglas sind: Glycerin (ungefärbt), grünes Salzwasser, Haarshampoo (besitzt schon diese Farbe), rot gefärbtes Speiseöl.

Aufgrund der abnehmenden Dichte der Flüssigkeiten von unten nach oben schwimmen diese jeweils auf der dichteren.

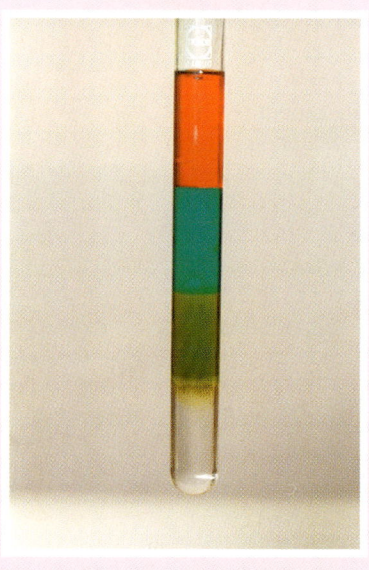

Das ist noch wichtig:
◆ Beim Überschichten ist darauf zu achten, daß sich die Flüssigkeiten an den Grenzflächen nicht zu stark vermischen - vorsichtig entlang der inneren Gefäßwand einfließen lassen; ev. Glasstab oder Löffel über das Mischglas legen und daran die Flüssigkeit entlangfließen lassen.
◆ In Bars werden von guten Barmixern solche Cocktails aus verschiedenen Likören manchmal als Spezialität hergestellt. Ein Traumjob also für arbeitslose oder berufsmüde Physiker bzw. Chemiker.
◆ Bei der eigenen Kreation solcher Schaugläser kann man wie folgt vorgehen: entweder man probiert in kleinen Gefäßen aus, welche Flüssigkeiten aufgrund der Dichteunterschiede aufeinander schwimmen, oder man verwendet einschlägiges Tabellenmaterial mit den entsprechenden Dichtewerten der Flüssigkeit.
◆ Bei der Verwendung von Flüssigkeiten, die einander auflösen oder bei der Kombination von gefärbtem Süßwasser auf gefärbtem Salzwasser kommt es an den Grenzflächen oft zu Vermischungen und Farbänderungen.
◆ Früher wurden in Apotheken solche „Schaugläser" oft als Auslagendekorationen verwendet.

Experimente mit Spaß

Die Ölsperre
(Dichteunterschiede)

Das wird gebraucht:
2 gleichgroße Standzylinder mit Schliff, Spielkarte, Speiseöl, Sudan (III), Becherglas, Glasstab

So wird es gemacht:
In einem Becherglas wird Speiseöl mit Sudan (III) gefärbt und dann in einen der beiden Standzylinder gefüllt. Der zweite Zylinder wird mit Wasser gefüllt und mit einer Karte bedeckt. Man hält die Karte fest und dreht den Zylinder mit dem Wasser um. Nun stellt man den Zylinder mit der Karte auf das ölgefüllte Gefäß - die beiden Zylinder sollen mit ihren Öffnungen genau übereinanderstehen. Man zieht die zwischen den Standzylindern eingeklemmte Karte soweit heraus bis das Öl aufsteigt.
Das Öl steigt auf, das Wasser sinkt nach unten.
Das spezifisch leichtere Öl schwimmt am Wasser.

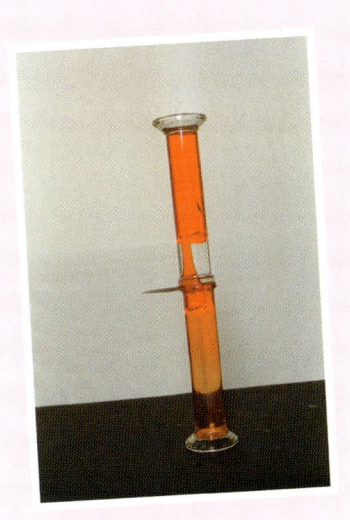

Das ist noch wichtig:
- Sollte das Öl auch bei halb herausgezogener Spielkarte noch nicht aufsteigen, kann man die Karte leicht hin- und herschieben, um die Grenzflächenspannung Öl/Wasser zu stören und dadurch den Start des Fließens zu erleichtern.
- Statt Standzylinder zu verwenden, kann der Versuch auch mit kleinen Gläschen des Haushalts durchgeführt werden.
- Zur Trennung zwischen den Zylindern sollte man nur eine alte Spielkarte oder eine Postkarte verwenden, da diese nach dem Versuch nicht mehr zu verwenden sind.
- Statt mit Sudan (III) zu färben kann auch Rosenpaprika verwendet werden. Mit ganz ungefärbtem Öl ist der Versuch nicht so eindrucksvoll.

Der Trieb nach oben

Die kleinen Senkwaagen
(Selbstbauaräometer)

Das wird gebraucht:
Plastilin, 2 kleine Gläser, 2 Trinkhalme, Schere, Löffel, Klebstoff, Kochsalz

So wird es gemacht:
Zwei Plastiktrinkhalme werden in einer Länge von ca. 10 cm abgeschnitten. An den Enden der Halme fixiert man Kügelchen aus Knetmasse. Zum Justieren gibt man beide „Tauchstäbchen" in ein Glas mit Wasser. Durch Hinzufügen bzw. Wegnehmen von Plastilin erreicht man, daß beide Halme gleich weit aus dem Wasser ragen.
Nun kann man die Trinkhalme als Aräometer verwenden. Stellt man in einem zweiten Gläschen eine Kochsalzlösung her und gibt eines der beiden Aräometer hinein, so taucht dieses nicht so tief ein.
Die Eintauchtiefe hängt von der Dichte der Flüssigkeit ab. Salzwasser hat eine größere Dichte als Wasser, daher taucht das Aräometer nicht so tief ein.

Das ist noch wichtig:
◆ Um zu verhindern, daß Flüssigkeit in den Halm eindringt, kann dieser vorher mit Klebstoff dicht verschlossen werden.
◆ Möchte man die Aräometer öfter verwenden, kann nach dem Justieren die Eintauchtiefe im Wasser mit einem Permanentschreiber markiert werden. Der Strich bedeutet dann Dichte 1 g/cm^3. Schaut der Strich aus der Flüssigkeit heraus, wie z. B. bei Salzwasser, ist die Dichte größer als 1. Bei Flüssigkeiten mit geringerer Dichte, z. B. bei Spiritus, sinkt das Aräometer tiefer ein.
◆ Da sich der Permanentstrich in Spiritus lösen kann, kann die Tauchmarkierung auch mit einem färbigen Klebestreifchen markiert werden.
◆ Aräometer wurden früher auch Senkwaagen genannt. Man verwendet sie in der Praxis für die Dichtebestimmung bzw. Konzentrationsmessung z. B. als Alkoholometer und Milchmesser.

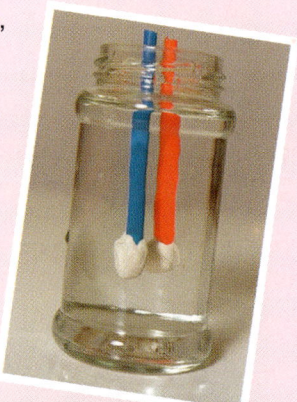

Experimente mit Spaß

Die Schwimmkerze
(Der Auftrieb schwimmender Körper)

Das wird gebraucht:
Kerze, Glasgefäß, Schraube

So wird es gemacht:
In eine nicht zu hohe Kerze oder einen Kerzenrest schraubt man von unten eine kleine Schraube. Nun probiert man aus, ob die Kerze in einem Wasserglas aufrecht schwimmt. Kippt die Kerze, ist die Schraube zu leicht (der Schwerpunkt liegt dann zu hoch).
Schwimmt die Kerze stabil im Glas, wird sie entzündet.
Beim Brennen der Kerze nimmt ihr Gewicht ab und der Auftrieb wird kleiner; durch das Gleichgewicht der beiden Kräfte steigt die Kerze immer ein wenig aus dem Wasser.
Die Flamme brennt sich immer tiefer in die Kerze ein; das Wasser kühlt das flüssige Stearin, und es bildet sich um die Flamme eine kleine Mulde.

Das ist noch wichtig:
◆ Falls der „Wall" hält und kein Wasser eindringt, brennt die Kerze fast vollständig ab.
◆ Diese Art der Schwimmkerzen ist eine billigere Variante zu den käuflichen Schwimmkerzen und eine nette Kerzenrestverwertung.

Steinheber
(Gewichtsreduktion durch den Auftrieb)

Das wird gebraucht:
Stativ und Stativmaterial, Federwaage, Stein, Schnur, Schere, abgeschnittene PET-Flasche oder Becherglas, Laborhebebühne

So wird es gemacht:
Ein Stein wird an eine Schnur geknüpft und an die im Stativ fixierte Federwaage gehängt. Man stellt das Tauchgefäß mit Wasser auf die Hebebühne und hängt den Stein knapp über die Wasseroberfläche. Nun schraubt man das Becherglas höher und beobachtet beim immer tieferen Eintauchen des Steines die Gewichtsreduktion durch den nun immer stärker wirkenden Auftrieb.
Der Auftrieb und damit die Gewichtsreduktion sind genauso groß wie das Gewicht der vom Körper verdrängten Flüssigkeit.

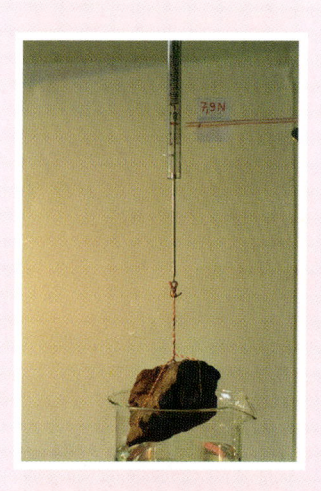

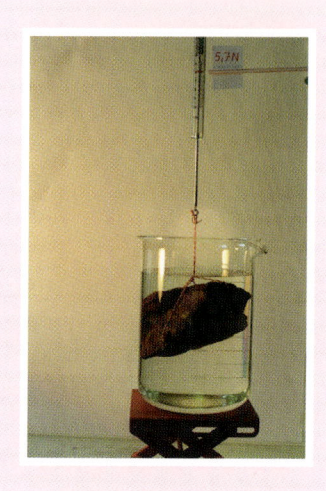

Das ist noch wichtig:

◆ Günstig ist die Verwendung der abgeschnittenen PET-Flasche als Tauchgefäß, da Glasgefäße zerbrechen, falls sich der Stein von der Schnur löst.
◆ Ist keine Hebebühne vorhanden, kann der Stein auch mit dem Kraftmesser langsam in das Wasser abgesenkt werden.
◆ Beim abgebildeten Versuch wurde ein Stück Eisenerz verwendet; es wurde ein Gewichtsreduktion von 2,2 N (von 7,9 N auf 5,7 N) beobachtet.
◆ Bei der Insel Lipari in der Nähe von Sizilien kann man schwimmende Steine beobachten; es handelt sich dabei um Bimsteine mit einer Dichte von ca. 0,3 kg/dm^3.
◆ Um Eisenerz vom tauben Gestein zu trennen, verwendet man eigene Trennflüssigkeiten. In den sogenannten Seperatortrommeln schwimmt das taube Gestein auf der Trennflüssigkeit, die eine Dichte von ca. 3 kg/dm^3 besitzt; das Eisenerz sinkt und wird von Trommelfächern in die Erzrinne gehoben.

Die Sandflasche
(Archimedisches Prinzip)

Das wird gebraucht:
Kleine Getränkekunststoffflasche, Sand, gefaltetes Papier, Schnur, Kraftmesser (z. B. bis 10 N), Stativ und Stativmaterial, Becherglas

So wird es gemacht:
Eine kleine Kunststoffflasche wird mit Sand gefüllt. Man faltet dazu ein Stück Papier, schüttet Sand darauf und läßt ihn vorsichtig in die Flaschenöffnung rieseln.
Die Flasche wird verschlossen und mit einer Schnur an einem aufgehängten Kraftmesser fixiert. Man liest die Kraft in Newton ab.
Wenn man in der gleichen Anordnung die Flasche in ein Gefäß mit Wasser taucht, wirkt der Auftrieb entgegen der Gewichtskraft und der Kraftmesser geht zurück.
Nach dem Archimedischen Prinzip entspricht die Auftriebskraft dem Gewicht der verdrängten Flüssigkeitsmenge.

Experimente mit Spaß

Das ist noch wichtig:

◆ Die Flasche sollte dicht verschraubt sein, damit das Wasser nicht eindringen kann.
◆ Zum Füllen der Flasche sollte man trockenen Sand verwenden; gut geeignet ist z. B. sogenannter „Vogelsand".
◆ Man beachte, daß man zum Heben nur noch ca. 1/4 der vorherigen Kraft benötigt.
◆ Zum Verdeutlichen des Archimedischen Prinzips kann man den Versuch auch auf die folgende Art durchführen: man läßt die Flasche statt in das Becherglas in einen großen Meßzylinder eintauchen. Den Wasserstand liest man vor und nach dem Eintauchen ab. Die Differenz entspricht der verdrängten Wassermenge. Bei dem abgebildeten Versuch ging das Gewicht um 3,8 N zurück. D.h. das Wasser stieg im Meßzylinder um 380 ml.
Rechnung: 5,4 N - 1,6 N = 3,8 N
980 ml - 600 ml = 380 ml
◆ Möchte man den Versuch ohne Laborgeräte nur qualitativ durchführen, kann man folgendermaßen vorgehen: statt des Kraftmessers verwendet man einen Gummiring und statt des Becherglases ein Tauchgefäß, das man z. B. aus einer PET-Flasche herstellen kann, die man abschneidet. Statt eines Stativs hält man das Gummiband in der Hand und spürt beim Absenken in das Wasser sehr deutlich den Gewichtsrückgang.
◆ Wie stark diese Gewichtsreduktion ist, merkt man sehr deutlich, wenn man beim Baden unter Wasser Personen heben kann die „in der Luft schwere Brocken" sind.

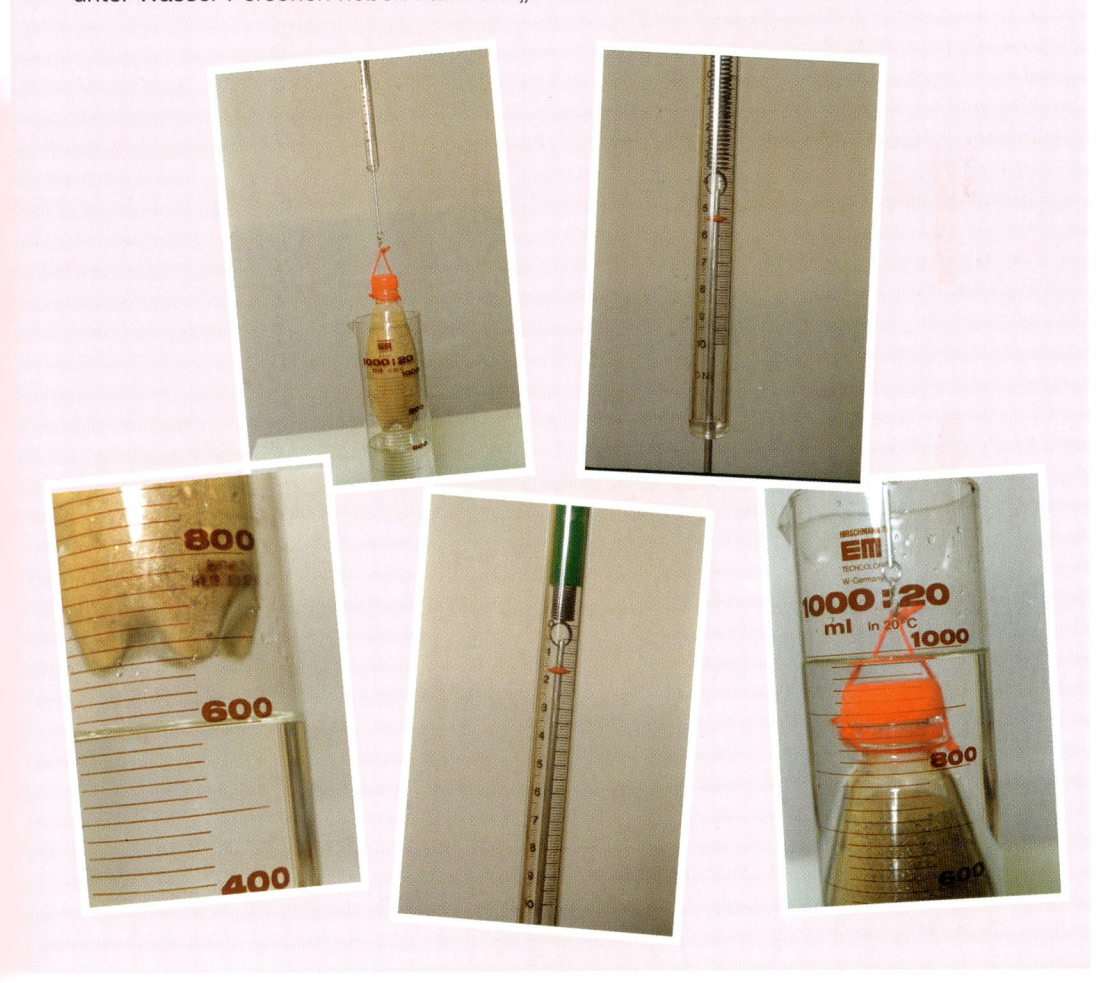

Der Trieb nach oben

Das Senkblei
(Die Abhängigkeit des Auftriebs vom Volumen)

Das wird gebraucht:
Stativ und Stativmaterial, Balkenwaage, Stricknadel, Schnur, Knetmasse, Bleiblech (ev. von einem alten Abflußrohr), Zange, pneumatische Wanne

So wird es gemacht:
Ein Stück Bleiblech wird mit einer Zange möglichst klein zusammengequetscht - falten und dann immer wieder zusammendrücken. Das Bleistück wird mit einer Schnur an der Balkenwaage befestigt. An der zweiten Seite der Balkenwaage wird an einer Schnur eine Kugel aus Knetmasse befestigt. Durch Zufügen oder Wegnehmen von Knetmasse stellt man das Gleichgewicht her. Ist dieses hergestellt, hebt man die beiden Gewichtstücke mit Stativ und Waage und läßt sie in eine pneumatische Wanne mit Wasser eintauchen.
Das Bleistück sinkt nach unten und die Plastilinkugel strebt zur Wasseroberfläche.
Bedingt durch das größere Volumen der Plastilinkugel, ist bei dieser der Auftrieb viel größer als beim Bleistück.

Das ist noch wichtig:
◆ Die Montage mit einer Stricknadel verhindert das Drehen der Balkenwaage.
◆ Als Gegengewicht zum Bleiblech wurde Plastilin gewählt, weil so durch Hinzufügen oder Wegnehmen das Gleichgewicht leicht hergestellt werden kann.
◆ Bedingt durch die hohe Dichte des Metalls Blei (11,34 kg/dm^3), ist der Volumenunterschied zur Knetmasse recht eindrucksvoll.
◆ Möchte man den Versuch ohne Laborgeräte durchführen, kann man folgendermaßen vorgehen: statt der Balkenwaage nimmt man einfach einen Holzstab und hält ihn in der Mitte an einer Schnur fest. Als Tauchgefäß nimmt man irgendeine Glasschüssel aus der Küche. Senkt man mit der Hand die behelfsmäßige Waage mit den beiden Körpern ins Wasser, ist das Versuchsergebnis schön zu beobachten.

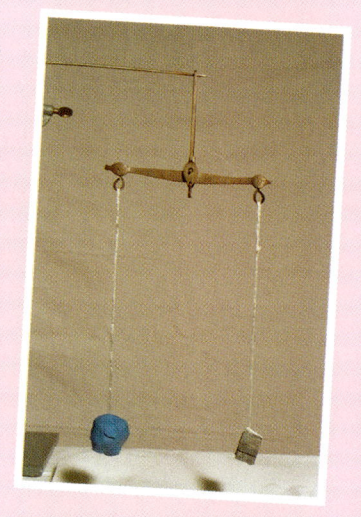

◆ *Experimente mit Spaß* ◆

Kein Auftrieb mehr
(Die Abhängigkeit des Auftriebs vom Volumen)

Das wird gebraucht:
Stativ und Stativmaterial, Balkenwaage, Stricknadel, Schnur, Knetmasse, Bleiblech, Zange, pneumatische Wanne

So wird es gemacht:
Ein Stück Bleiblech wird mit einer Zange möglichst klein zusammengedrückt und mit einer Schnur an der Balkenwaage befestigt. An die zweite Seite der Balkenwaage knüpft man eine Plastilinkugel. Diese wird durch Hinzufügen oder Wegnehmen von Knetmasse so schwer gemacht, daß beide Körper unter Wasser im Gleichgewicht sind. Nun hebt man die Waage mit den beiden Körpern aus dem Wasser. Die Plastilinkugel sinkt außerhalb des Wassers nach unten.
Der auf die volumsmäßig größere Kugel wirkende stärkere Auftrieb fällt weg. Die Kugel hat das größere Gewicht.

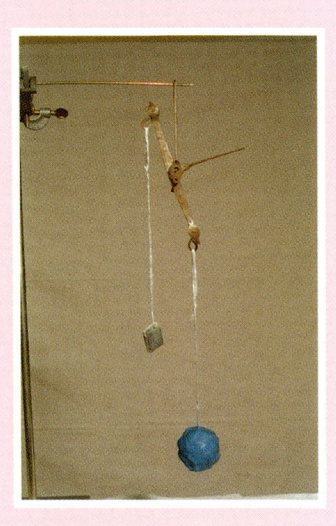

Das ist noch wichtig:
◆ Die Montage mit einer Stricknadel verhindert das Drehen der Balkenwaage.
◆ Wie im Versuch „Das Senkblei" beschrieben, kann das Experiment auch ohne Laborgeräte durchgeführt werden.

Der Trieb nach oben

Vom Salz getragen
(Auftrieb in verschiedenen Flüssigkeiten)

Das wird gebraucht:
Stativ und Stativmaterial, Balkenwaage, Stricknadel, 2 Haltbarmilchflaschen (0,25 l), 2 abgeschnittene PET-Flaschen (2 l), Lebensmittelfarben (z. B. blau, grün), dünner Faden (ev. Kunststoffäden), Schere, Kochsalz, Löffel, Spritzflasche

So wird es gemacht:
Eine Stricknadel wird im Stativ fixiert und daran eine Balkenwaage aufgehängt.
Zwei gut verschraubbare Flaschen werden mit gefärbtem Wasser gefüllt und mit Fäden an der Waage befestigt. Um Gleichgewicht herzustellen, tariert man die Flaschen mit Wasser aus. Dazu verwendet man die Spritzflasche oder eine kleine Tropfpipette. Als Tauchgefäße eignen sich gut abgeschnittene PET-Flaschen. In das rechte Gefäß füllt man Leitungswasser und in das linke Gefäß gesättigte Salzlösung. Nun hebt man das Stativ mit den beiden Flaschen derart, daß die Glasflaschen in die Tauchgefäße ragen. Die gelbe Flasche im Süßwasser sinkt nach unten.
Die blaue Flasche übt weniger Gewichtskraft auf die Waage aus; der Auftrieb des Salzwassers ist größer als der des Leitungswassers.

Das ist noch wichtig:
◆ Die Montage mit einer Stricknadel verhindert das Drehen der Balkenwaage.
◆ Die beiden Tauchgefäße müssen so weit gefüllt sein, daß die beiden Flaschen vorerst vollständig in die Flüssigkeiten tauchen.
◆ Beim Austarieren mit Wasser ist darauf zu achten, daß die Schraubverschlüsse bis zum Erreichen des Gleichgewichtes „mitgewogen" werden müssen.
◆ Möchte man den Versuch ohne Laborgeräte durchführen, nimmt man statt der Waage eine Holzleiste, an die man in der Mitte eine Schnur anknüpft. Die beiden Flaschen werden dann händisch in die beiden Tauchgefäße abgesenkt.
◆ Im Salzwasser des Meeres fällt das Schwimmen wegen des starken Auftriebes leichter.

Auf Tauchstation
(Schwimmen, Schweben und Sinken)

Das wird gebraucht:
große durchsichtige Wanne, 3 „Wasserbomben"

So wird es gemacht:
Die Wanne wird ziemlich voll mit Wasser gefüllt. Ein Ballon wird mit Luft aufgeblasen. Ein zweiter Ballon wird wenig aufgeblasen und dann mit Wasser gefüllt. Ein dritter Ballon wird nur mit Wasser gefüllt. Alle drei Ballons kommen in die Wasserwanne.
Der „Luftballon" schwimmt, der halbgefüllte Ballon ragt teilweise aus dem Wasser und der wassergefüllte Ballon sinkt oder schwebt. Je nach Dichte der Ballons mit Füllung kommt es zum Schwimmen, Schweben oder Sinken.

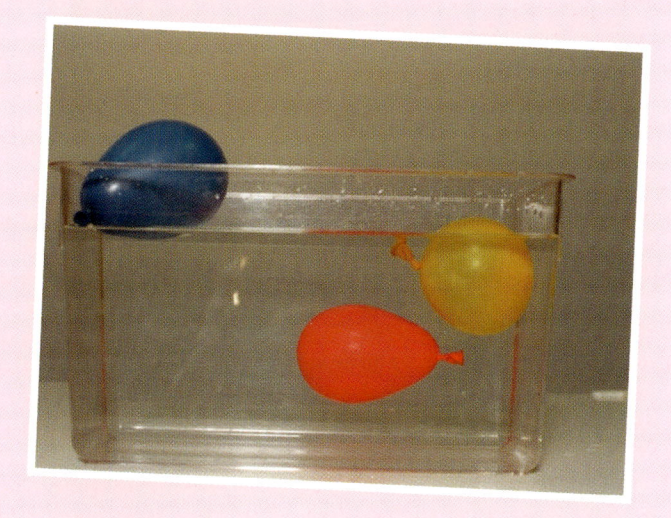

Das ist noch wichtig:
◆ Für diesen Versuch sollten keine Luftballons, sondern die viel kleineren, sogenannten „Wasserbomben" verwendet werden. Diese erhält man im Sommer in Spielzeughandlungen oder direkt beim Kiosk in Schwimmbädern.
◆ Der mit Wasser gefüllte Ballon kann durch leichtes Anstoßen zum Sinken gebracht werden; danach steigt er wieder leicht auf.
◆ Bei U-Booten werden zum Sinken die Tauchtanks geflutet und zum Auftauchen die Tanks mit Preßluft ausgeblasen.

Der Trieb nach oben

Das Reisboot
(Das Archimedische Prinzip)

Das wird gebraucht:
Große Glasschüssel (Küche), 3 leere Tierfutterbehälter, Reis

So wird es gemacht:
Man füllt eine Glasschüssel mit Wasser. Einen Futterbehälter quetscht man fest zusammen.

Nun legt man einen leeren und den zerquetschten Behälter auf die Wasseroberfläche. Den dritten Behälter läßt man schwimmen und füllt solange Reis ein, bis er gerade noch schwimmt.

Der leere Behälter schwimmt weit aus dem Wasser ragend auf der Oberfläche; der zerquetschte Behälter geht unter. Das „Reisboot" taucht tief in das Wasser und geht nicht unter, obwohl es über den Rand hinaus mit Reis gefüllt ist.

Ob ein Körper schwimmt oder sinkt, hängt von seiner Dichte und der Dichte der Flüssigkeit ab. Die Auftriebskraft ist gleich dem Gewicht der verdrängten Flüssigkeitsmenge.

Die aus Aluminium bestehenden Gefäße (Dichte ca. 2,7 g/cm^3) können in Wasser (Dichte 1 g/cm^3) nur schwimmen, wenn sie hohl sind.

Beim „Reisboot" ist das Gewicht des verdrängten Wassers größer als das Gesamtgewicht des Gefäßes mit dem Reis.

Das ist noch wichtig:
◆ Aluminiumbehälter dieser Art werden zum Verpacken von Katzenfutter verwendet und eignen sich sehr gut für verschiedene Schwimmversuche.
◆ Beim Einfüllen von Reis sollte man vorsichtig vorgehen. Mit einem gefalteten Papier läßt man den Reis genau in die Mitte des Gefäßes rieseln um das „Kentern" zu verhindern.

Experimente mit Spaß

Hoch hinaus
(Auftrieb in der Luft)

Das wird gebraucht:
Stativ und Stativmaterial, Rundkolben ca. 250 ml, 2 Luftballons, Zwirn, 2 Holzperlen, Zinkstücke, Kupfersulfat, Salzsäure conc.

So wird es gemacht:
Ein Rundkolben wird im Stativ fixiert. In den Kolben gibt man einige Zinkstücke und eine Spatel Kupfersulfat. Nun gießt man reichlich Salzsäure in den Kolben und stülpt schnell einen Luftballon über die Kolbenöffnung. Der gefüllte Ballon wird vorsichtig abgezogen, zugeknüpft und mit einem Stück Zwirn versehen - an das Schnurende bindet man eine Holzperle. Ein zweiter Ballon wird nur zur Hälfte mit Wasserstoff gefüllt.
Der vollgefüllte Ballon steigt auf, der halbgefüllte schafft es nicht, mit der Perle aufzusteigen. Bei der chemischen Reaktion von Zink mit Salzsäure entsteht Wasserstoffgas. Dieses Gas ist viel leichter als Luft. Ballons, die mit Wasserstoff gefüllt sind, besitzen gegenüber der Umgebunsluft einen Auftrieb und steigen auf. Ist der Ballon zu wenig gefüllt, reicht die Auftriebskraft nicht aus, den Ballon zum Steigen zu bringen.

Das ist noch wichtig:
- Falls vorhanden, kann für diesen Versuch statt Wasserstoff auch Helium verwendet werden.
- Bei Abbruch der Gasentwicklung Salzsäure nachgießen.
- Kupfersulfat wird zugegeben, um zu verhindern, daß sich an der Zinkoberfläche eine Wasserstoffhülle bildet, welche die weitere Reaktion Säure/Metall beeinträchtigen würde (an der Zinkoberfläche entstehen Lokalelemente - Hydroniumionen werden am Kupfer entladen, Zink kann in Lösung gehen).
- Vorsicht! Der Kolben wird sehr heiß - Verbrennungsgefahr.
- Heute wird zum Füllen von Ballons selten Wasserstoffgas verwendet; es ist zwar spezifisch leichter als Helium, aber durch seine Brennbarkeit äußerst gefährlich. Gemischt mit Luft kann es zu Knallgasexplosionen kommen.

Der Trieb nach oben

Tiefenrausch

Druck in Flüssigkeiten

Die Rundumspritze 59
Der spürbare Druck 60
Die schwebende Pipette 61
Nur für starke Nerven 62
„Der Cartesianische Steiger" 63
Der Miniwagenheber 64
Der Salzmörser 65
Der kleine Unterschied 66
Die Trickflasche 67
Das geheimnisvolle U-Rohr 68
Springbrunnen aus der Flasche 69
Kinderleicht 70
Die Pascalsche Holzkugel 71
Es drückt von allen Seiten 72
Wasserspiele 73
Der kleine Springbrunnen 74
Der Schraubdeckeltaucher 75
Der Pulszeiger 76
Der Herztod 77
Der Pulsar aus dem Joghurtbecher 78
Schief aber doch gerade 79

Die Rundumspritze
(Druckausbreitung in einer Spritze)

Das wird gebraucht:
Kunststoffspritze 20 ml oder größer, großes Becherglas oder anderes Glas, Lebensmittelfarbe, Stecknadel, Gasbrenner oder Feuerzeug

So wird es gemacht:
Eine Stecknadel wird in der Brennerflamme oder mit einem Feuerzeug erhitzt. In eine Kunststoffspritze ohne Kolben bohrt man mit der heißen Nadel ca. 8 Löcher einige Millimeter vom Spritzenende entfernt. Die Bohrungen sollen etwa im gleichen Abstand regelmäßig angebracht werden. Das Ende der Spritze - wo üblicherweise die Kanüle aufgesteckt wird - erwärmt man leicht in der Flamme, drückt die Öffnung auf eine feuerfeste Unterlage und verschließt sie auf diese Art.

Nun füllt man Wasser in die Spritze, setzt den Kolben ein und drückt ihn gleichmäßig in den Kolbenzylinder.

Das Wasser spritzt gleichweit aus den Öffnungen. Der Druck im Wasser verteilt sich gleichmäßig nach allen Richtungen.

Das ist noch wichtig:
◆ Der Kolben muß vor dem Verschweißen der Spritzenöffnung entfernt werden – er läßt sich sonst nicht mehr aus dem Kolbenzylinder ziehen.
◆ Statt die Löcher radial zu stechen, können auch an einer Spritzenseite mehrere Löcher nebeneinander angebracht werden.
◆ Beim Einfüllen des Wassers ist es günstig, mit den Fingern, die die Spritze halten, die Löcher zu verschließen und dann schnell den Kolben einzusetzen.
◆ Wird der Versuch in einem Glas ausgeführt, ist es günstig, das Wasser mit Lebensmittelfarbe zu färben.
◆ Gut sichtbar ist das gleichmäßige Herausspritzen des Wassers auch auf folgende Art: man hält die Spritze so, daß die verschweißte Spritzenöffnung auf die Zuseher gerichtet ist; preßt man nun den Kolben in die Spritze, spritzt das Wasser nach allen Seiten, ohne daß jemand naß wird.

◆ *Tiefenrausch* ◆

Der spürbare Druck
(Druckausbreitung in Flüssigkeiten)

Das wird gebraucht:
Zwei kleine Luftballons (sogenannte „Wasserbomben"), Glasrohr mit Schlauchansatz oder Glasolive, Gummiringe

So wird es gemacht:
Ein Luftballon wird mit einem Gummiring an einem Glasrohrende befestigt und durch das Glasrohr mit Wasser gefüllt. Der zweite Ballon wird ebenfalls mit Wasser gefüllt und am zweiten Glasrohrende mit einem Gummiring fixiert.

Drückt man vorsichtig einen der beiden Ballons zusammen, wird das Wasser durch das Glasrohr in den anderen Ballon gepreßt. Das Strömen des Wassers kann man durch die Ballonhaut fühlen. Der Druck breitet sich in Flüssigkeiten gleichmäßig nach allen Seiten aus.

Das ist noch wichtig:
- Zum Füllen des ersten Ballons ist es günstig, das Glasrohr an ein Schlauchstück der Wasserleitung zu stecken.
- Beim Befestigen des zweiten Ballons ist es günstig, die Ballons durch Verdrehen zu verschließen.
- Sehr geschickte Experimentatoren, die Wasser nicht scheuen, schaffen die Montage allein. Einfacher ist es, eine zweite Person um Hilfe zu bitten.
- Als Abwandlung dieses Versuches kann man die zwei Ballons auch an den Enden eines Schlauches befestigen. Dazu werden die mit Wasser gefüllten Ballons mit Gummiringen am Schlauch befestigt. Der erste Ballon wird fixiert und durch den Schlauch mit Wasser gefüllt - Luftblasen entfernen. Um das freie Schlauchende schlingt man einen Gummiring einige Male, um dann damit den zweiten mit Wasser gefüllten Ballon zu fixieren. Auch diesmal gelingt der Zusammenbau des Versuches leichter zu zweit.

Über den Schlauch kann man durch Zusammendrücken eines Ballons einer anderen Person Signale übermitteln - eine andere Form der „Stillen Post".

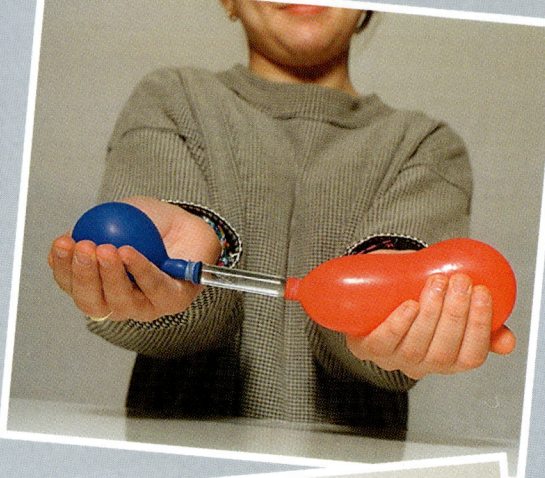

◆ Experimente mit Spaß ◆

Die schwebende Pipette
(Ausbreitung des Drucks in Flüssigkeiten)

Das wird gebraucht:
Große Kunststoffflasche mit gut dichtendem Schraubverschluß,
kleine Tropfpipette, Trinkglas

So wird es gemacht:
Aus einem mit Wasser gefüllten Trinkglas saugt man mit der Tropfpipette soviel Wasser, daß sie gerade noch schwimmt. Die Pipette mit Wasser gibt man nun in die mit Wasser vollständig gefüllte Kunststoffflasche und verschließt sie.
Drückt man nun die Flasche leicht zusammen, beginnt die Pipette zu sinken. Läßt man die Flasche los, steigt die Pipette wieder auf.
Durch die gleichmäßige Druckausbreitung in Flüssigkeiten wird die kleine Luftblase im Pipettenröhrchen zusammengedrückt. Dadurch wird die Gesamtdichte der Pipette größer als die des Wassers, und sie beginnt zu sinken. Läßt man die Flasche aus, dehnt sich die Luftblase auf ihr ursprüngliches Volumen aus, die Gesamtdichte wird wieder kleiner, und das Röhrchen steigt.

Das ist noch wichtig:
◆ Man sollte das Justieren der Pipette nicht direkt in der Flasche ausführen - ist die Pipette zu schwer, sinkt sie und man muß jedesmal die Flasche ausleeren um die Pipette wieder zu bekommen. Mit einem nicht zu hohen Trink- oder Becherglas geht es leichter.
◆ Wenn man beim Zusammendrücken der Flasche die Luftblase genau beobachtet, kann man die Verkleinerung und beim Loslassen die Vergrößerung gut sehen.
◆ Dosiert man den Druck mit der Hand richtig, bringt man die Pipette leicht auch zum Schweben.
◆ In der Literatur findet man diesen Versuch, den es in vielen verschiedenen Abwandlungen gibt, unter dem Namen „Cartesianischer Taucher".
◆ Sehr gut gelingt der Versuch auch in einer kleinen Kunststoffflasche. Als Taucher verwendet man abgeschnittene Zündholzköpfchen.

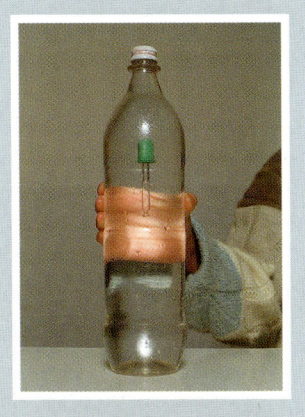

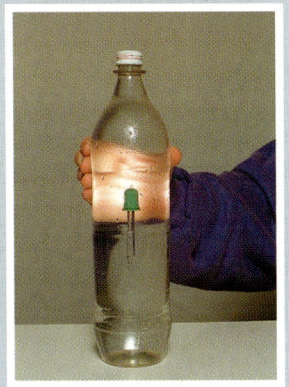

◆ Tiefenrausch ◆

Nur für starke Nerven
(Die allseitige Druckausbreitung in Flüssigkeiten)

Das wird gebraucht:
Rohes Ei, Unterstellgefäß (zur Nervenberuhigung)

So wird es gemacht:
Man faßt ein rohes Ei mit einer oder zwei Händen und preßt es ganz fest zusammen.
Das Ei bleibt unversehrt und zerbricht nicht.
Der von außen ausgeübte Druck breitet sich im Inneren der Eiflüssigkeit gleichmäßig aus. Da Flüssigkeiten fast nicht zusammengedrückt werden können, tritt an keiner Stelle der Schale größere Druckkraft auf.

Das ist noch wichtig:
◆ Bei diesem Versuch darf kein Ring getragen werden, da dieser ja eine Stelle des Eis stärker belasten würde.
◆ Zur Beruhigung der Nerven kann ein Gefäß untergestellt werden; hat das Ei einen Sprung oder umfaßt man das Ei nicht ganz, kann es natürlich zerbrechen.
◆ Nach Berührung von rohen Eiern sollte man die Hände waschen - Salmonellengefahr.

◆ Experimente mit Spaß ◆

„Der Cartesianische Steiger"
(Druckausbreitung in Flüssigkeiten)

Das wird gebraucht:
Hoher Glaszylinder ohne Ausgießer, passender Gummi- oder Korkstopfen, Filzstift, Stück dicke Styroporplatte, scharfes Messer, Schneidbrett, ev. Lebensmittelfarbe, Holzspieß

So wird es gemacht:
Auf eine dicke Styroporplatte zeichnet man einen Kreis; zum Anzeichnen kann man den Stopfen verwenden. Mit einem sehr scharfen Messer schneidet man senkrecht zur Platte einen Styroporzylinder aus. Er soll eben so groß sein, daß er beim Hineinschieben in den Glaszylinder gerade noch steckenbleibt. Man schiebt den Zylinder mit der stumpfen Seite des Holzspießes bis zum Boden des Glaszylinders und füllt mit Wasser bis zum obersten Rand.
Nun drückt man den Stopfen auf den Glaszylinder und drückt auf die Wasseroberfläche.
Der Styroporzylinder steigt langsam nach oben.
Der Druck im Wasser breitet sich gleichmäßig aus. Durch den Druck werden die im Styropor enthaltenen Gasblasen zusammengedrückt, wodurch sich der Durchmesser des Styroporzylinders ein wenig verringert. Die Reibung, die vorher das Aufsteigen verhindert hat, fällt weg, und der spezifisch leichtere Styroporkörper kann aufsteigen.

Das ist noch wichtig:
◆ Der schwierigste Teil des Versuches ist das richtige Zuschneiden des Styroporzylinders. Dazu legt man die angezeichnete Platte auf ein Schneidbrettchen und schneidet exakt an der Kreislinie entlang senkrecht nach unten. Es soll wirklich ein Zylinder und kein Kegelstumpf entstehen. Gegen Ende der Schneidearbeit probiert man vor jedem weiteren Schnitt, ob die Größe schon paßt.
◆ Sollte der Styroporzylinder so groß sein, daß er bei der Versuchsdurchführung nicht aufsteigt, kann er mit der spitzen Seite des Holzspießes wieder herausgezogen und kleiner geschnitten werden.
◆ Sehr schön macht sich der Versuch, wenn das Wasser mit Lebensmittelfarbe eingefärbt wird.
◆ Statt eine Styroporplatte zu zerschneiden, kann auch Verpackungsstyropor verwendet werden.
◆ Die Mühe des Zuschneidens lohnt sich; der Versuch ist sehr eindrucksvoll - außerdem kann der Styroporzylinder immer wieder verwendet werden.
◆ Im Gegensatz zum Cartesianischen Taucher, bei dem bei Druckeinwirkung der Schwimmkörper sinkt, steigt er bei diesem Versuch.

◆ *Tiefenrausch* ◆

Der Miniwagenheber
(Funktionsfähiges Hydraulikmodell)

Das wird gebraucht:
Einwegspritze 10 ml oder 20 ml, Einwegspritze 5 ml mit kleinem Zylinderdurchmesser, dazupassenden Kunststoff- oder Gummischlauch, Flasche, Klebeband, Lebensmittelfarbe, kleines Gläschen, Spielzeugautos

So wird es gemacht:
In einem Gläschen färbt man etwas Wasser mit Lebensmittelfarbe. Auf die große Spritze steckt man das Schlauchstück und saugt durch dieses gefärbtes Wasser in den Zylinder. Mit der kleinen Spritze saugt man etwas gefärbtes Wasser auf und steckt sie dann an die freie Schlauchseite. Man achtet darauf, daß sich keine Luftblasen in der Flüssigkeit befinden. Mit zwei Klebestreifen fixiert man nun die beiden Spritzen an einer Flasche.
Man drückt den Kolben der großen Spritze vorsichtig in den Spritzenzylinder bis der Kolben der kleinen Spritze möglichst weit aus dem Zylinder ragt. Nun stellt man auf den Kolben der großen Spritze ein Spielzeugauto und drückt den anderen Kolben in die Spritze.
Das Auto bewegt sich wie bei einem hydraulischen Wagenheber langsam nach oben.
Das Auto bewegt sich weniger weit nach oben als der Kolben der kleinen Spritze hineingedrückt wird; die aufgewendete Kraft ist entsprechend kleiner.

Das ist noch wichtig:
◆ Der Verbindungsschlauch ist so auszuwählen, daß die Schlauchenden fest an den Spritzen halten. Der Schlauch kann auch zur Sicherheit mit zwei kleinen Drahtstücke an den Spritzen fixiert werden. Speziell beim Hineindrücken des großen Spritzenkolbens kann sich der Schlauch lösen, wenn er nicht gut befestigt ist.
◆ Am Kolben der großen Spritze kann noch zusätzlich ein kleines Kartonstückchen befestigt werden. Die Spielzeugautos haben so einen besseren Halt.
◆ Die Flasche, an der die Spritzen festgeklebt werden, sollte zur besseren Standsicherheit mit Wasser gefüllt werden.
◆ Sind in der Hydraulikflüssigkeit Luftblasen eingeschlossen, werden diese beim Einschieben des Kolbens zusammengedrückt und das Auto bewegt sich nicht oder erst später. Hydrauliksysteme müssen immer luftfrei sein, also von Zeit zu Zeit entlüftet werden.

◆ *Experimente mit Spaß* ◆

Der Salzmörser
(Druckverteilung - Modellversuch)

Das wird gebraucht:
Pappendeckelröhre, Papiertaschentuch, Klebestreifen, Kochsalz, Besenstiel oder Rundholz

So wird es gemacht:
Ein Ende des Pappendeckelrohres wird mit einem Papiertaschentuch verschlossen. Dazu legt man das Taschentuch über die Öffnung und klebt es rundherum mit Klebestreifen fest. Das Tuch sollte so angeklebt werden, daß es nicht mehr von der Röhre rutschen kann. Nun füllt man in die Röhre einige Zentimeter hoch Kochsalz. Mit dem Rundholz versucht man nun, durch das Salz hindurch das Papier zu durchstoßen.
So fest man auch stößt, das Papier reißt nicht. Das Salz in der Röhre verhält sich ähnlich wie eine Flüssigkeit. Der Druck breitet sich gleichmäßig nach allen Richtungen aus. Der Druck auf das Papier reicht nicht aus, um es zu zerreißen.

Das ist noch wichtig:
◆ Das Papier muß wirklich so gut angeklebt werden, daß es nicht von der Röhre rutscht. Recht günstig ist es, das Papier während des Versuches mit der Hand an der Röhre gleichzeitig festzuhalten.
◆ Da beim heftigen Stoßen Salz aus der Röhre geschleudert werden kann, verwendet man ein Unterstellgefäß oder hält sich über die Waschmuschel.
◆ Als kleinen Wettbewerb könnte man ausprobieren, wieviel Salz gerade noch notwendig ist, um das Durchreißen zu verhindern.

◆ *Tiefenrausch* ◆

Der kleine Unterschied
(U-Rohr einmal anders)

Das wird gebraucht:
U-Rohr, Stativ und Stativmaterial, Kochsalz, Lebensmittelfarbe, Trinkhalm, Becherglas, Tropfpipette

So wird es gemacht:
In einem Becherglas bereitet man eine Kochsalzlösung und färbt diese mit Lebensmittelfarbe. Von der gefärbten Flüssigkeit füllt man gerade soviel in ein U-Rohr, bis dieses etwa zu Hälfte gefüllt ist. Mit einer Pipette überschichtet man an einer der beiden Schenkelseiten mit normalem Wasser.
Die Flüssigkeiten in den beiden U-Rohrschenkeln stehen nicht gleich hoch.
Durch die unterschiedliche Dichte von Salzwasser und Wasser verlagert sich das Gleichgewicht der Flüssigkeit. Verwendet man für diesen Versuch andere Flüssigkeiten, hängt der Höhenunterschied in den beiden Schenkeln vom Dichteunterschied und dem Volumsverhältnis der beiden Flüssigkeiten ab.

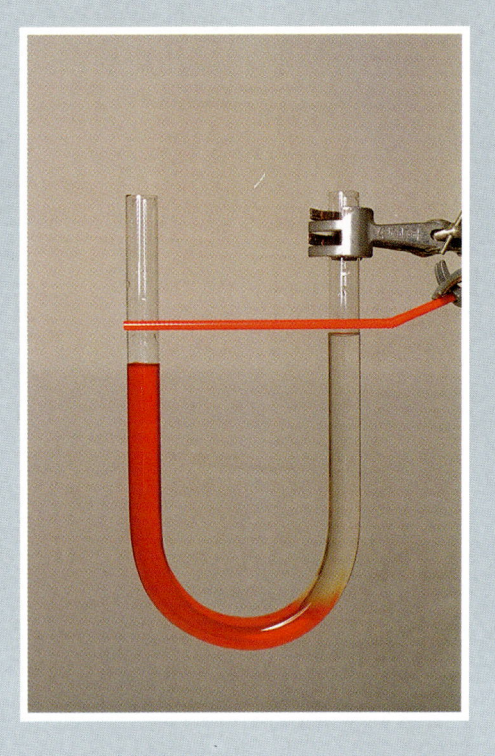

Das ist noch wichtig:
- Um die unterschiedliche Höhe gut sichtbar zu machen, kann man als Füllstandsanzeiger einen Trinkhalm anbringen.
- Beim Überschichten geht man folgendermaßen vor: das zur Hälfte mit Salzwasser gefüllte U-Rohr wird seitlich stark geneigt und so im Stativ fixiert; nun läßt man mit einer Tropfpipette ganz langsam Wasser entlang einer der beiden Rohrwände auf das Salzwasser fließen - es kommt nur zu geringen Vermischungen.
- Wird das Salzwasser für diesen Versuch nicht gefärbt, ist es für den Beobachter noch viel schwieriger, eine Erklärung für das sonderbare Verhalten der Flüssigkeiten im U-Rohr zu geben.
- Der Versuch kann auch mit anderen Flüssigkeiten durchgeführt werden; z. B. mit Wasser und Benzin oder Öl - bei der Kombination dieser Flüssigkeiten ist das Überschichten einfacher, da es zu keinen Vermischungen kommt (Salzwasser ist allerdings umweltfreundlicher und setzt mehr experimentelles Geschick voraus).
- Für den Versuch kann auch ein durchsichtiger Schlauch verwendet werden.

Die Trickflasche
(Verbundene Gefäße im Haushalt)

Das wird gebraucht:
Spülmittelflasche, U-Rohr, Spezialflasche für Gespritzten, Lebensmittelfarbe

So wird es gemacht:
a) Eine Glasflasche für gespritzten Wein wird verschieden hoch mit gefärbtem Wasser gefüllt. Daneben hält man ein normales U-Rohr mit Wasser. Warum steht im „Flaschen-U-Rohr" das Wasser nicht gleich hoch? Bei der Flasche handelt es sich um kein verbundenes Gefäß - es findet also kein Druckausgleich wie beim U-Rohr statt.

b) Eine leere Spülmittelflasche wird bis zur halben Griffhöhe mit gefärbtem Wasser gefüllt. Danach stellt man die Flasche schräg, indem man den Flaschenverschluß unterstellt.
Die Flüssigkeitsoberflächen bei verbundenen Gefäßen sind immer gleich hoch und waagrecht.

Das ist noch wichtig:
◆ Das Wasser sollte in beiden Fällen mit Lebensmittelfarbe gefärbt werden. Speziell bei der durchscheinenden Spülmittelflasche kann bei ungefärbtem Wasser die Füllhöhe nicht gut erkannt werden.
◆ Die beschriebene Glasflasche für gespritzten Wein ist von Zeit zu Zeit im Handel erhältlich. Ursprünglich befindet sich auf der einen Flaschenseite Sodawasser und auf der anderen Wein. Beim Ausgießen fließt gleichzeitig das Sodawasser und der Wein in das Glas, und man erhält einen sogenannten „G'spritzten".
◆ Die Spülmittelflasche soll vor dem Versuch gut gereinigt werden - Restschaum in der Flasche stört. Zusätzlich sollte man das Flaschenetikett entfernen.
◆ Ist die Spülmittelflasche gerade halb mit Spülmittel gefüllt, kann der Versuch auch mit diesem durchgeführt werden. Durch die höhere Viskosität der Flüssigkeit dauert es einige Sekunden, bis sich beim Neigen der Flasche das Gleichgewicht einstellt.
◆ Ist kein U-Rohr verfügbar, kann ein verbundenes Gefäß auch mit einem durchsichtigen Kunststoffschlauch verfertigt werden.

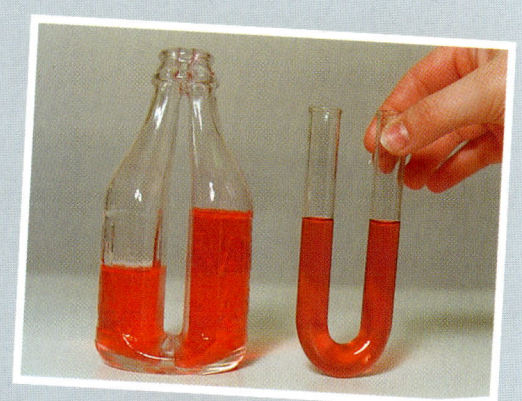

◆ Tiefenrausch ◆

Das geheimnisvolle U-Rohr
(Verbundenes Gefäß einmal anders)

Das wird gebraucht:
Großes U-Rohr, Lebensmittelfarbe

So wird es gemacht:
Ein U-Rohr wird ca. bis zur Hälfte mit gefärbtem Wasser gefüllt. Nun behauptet man, daß in diesem U-Rohr Flüssigkeiten nicht gleich hoch stehen. Man neigt das U-Rohr, bis ein Schenkel fast bis oben mit Wasser gefüllt ist und verschließt mit dem Daumen.
Die Flüssigkeiten stehen verschieden hoch.
Jetzt behauptet sicher ein Zuseher, daß der Daumen daran schuld sei. Man nimmt nun das U-Rohr mit der anderen Hand und verschließt dabei wie selbstverständlich wieder mit dem Daumen und sagt: „Ich habe den Daumen weggegeben, und die Flüssigkeiten stehen immer noch verschieden hoch".
Die meisten werden jetzt den einfachen Trick durchschauen; notfalls wechselt man nochmals die Hand. Zum Abschluß hält man das U-Rohr, ohne es mit dem Daumen zu verschließen. Die Flüssigkeiten stellen sich nun auf gleiche Höhe ein.
Beim Verschluß mit dem Daumen konnte kein Druckausgleich stattfinden, weil beim verschlossenen Schenkel keine Luft nachströmen konnte.

Das ist noch wichtig:
◆ Der Versuch „lebt" von der Art der Präsentation; beim Wechseln des Daumens sollte man so tun, als ob man die Aufforderung der Zuseher, gar keine U-Rohrseite zuzuhalten, nicht verstanden hätte.
◆ Unbedingt gefärbtes Wasser verwenden. Heller Hintergrund ist günstig.

◆ Experimente mit Spaß ◆

Springbrunnen aus der Flasche
(Hydrostatischer Druck bei verbundenen Gefäßen)

Das wird gebraucht:
Abgeschnittene PET-Flasche, dazupassend Gummistopfen einfach gebohrt, Glasröhrchen, Glasdüse, Kunststoffschlauch, Unterstellgefäß, Lebensmittelfarbe, großes Eingießglas, Stativ und Stativmaterial

So wird es gemacht:
Von einer 2 Liter PET-Flasche wird der Boden abgeschnitten. Die Flaschenöffnung wird mit einem Gummistopfen mit Glasröhrchen verschlossen. An einen Kunststoffschlauch steckt man eine Glasdüse und verbindet die andere Schlauchseite mit dem Glasröhrchen der Flasche. Die Flasche wird in einem Stativ möglichst hoch montiert. Die Glasdüse wird ebenfalls weiter unten in einem Stativ befestigt. Unter die Glasdüse stellt man ein großes Gefäß.
Nun gießt man gefärbtes Wasser in die Flasche.
Aus der Glasdüse spritzt springbrunnenartig eine hohe Wasserfontäne.
Das System ist ein verbundenes Gefäß, und das Wasser strebt nach Druckausgleich.

Das ist noch wichtig:
- Der Boden einer PET-Flasche wird mit einem scharfen Messer abgetrennt - Vorsicht: Verletzungsgefahr!
- Die Glasdüse kann über einer Brennerflamme leicht selber hergestellt werden. Wie lange das Wasser herausspritzt, hängt neben der Wassermenge natürlich auch vom Düsendurchmesser ab. In der Abbildung lief der Versuch fast fünf Minuten.
- Theoretisch ist die Wasserfontäne genauso hoch wie die Flüssigkeitsoberfläche in der Flasche. In Wirklichkeit wird diese Höhe nicht erreicht.
- Durch Verschieben der Düse in der Höhe kann auch die Spritzhöhe verändert werden.
- Für diesen Versuch sollte gefärbtes Wasser, ein durchsichtiger Schlauch und ein möglichst hohes Stativ verwendet werden.
- Statt ein Stativ zu verwenden, kann die Flasche auch mit einer Schnur aufgehängt werden. Dazu muß man in den oberen Flaschenrand mehrere Löcher bohren. Die Flasche wird dann ähnlich wie eine Infusionsflasche aufgehängt, und man benötigt kein hohes Stativ.
- Nach dem gleichen Prinzip wie dieser Versuch gelangt Wasser in die oberen Stockwerke von Häusern. Auch Springbrunnen ohne elektrische Pumpen werden auf diese Art konstruiert. Die Leitungen sind dort allerdings nicht offen sichtbar.

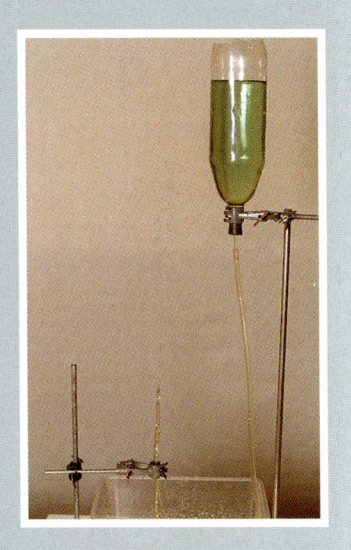

Kinderleicht
(Anwendung des Winkelhebers)

Das wird gebraucht:
Möglichst großer Wasserkanister, Auffanggefäß, Gummischlauch

So wird es gemacht:
Ein Kunststoffkanister wird mit Wasser gefüllt. In den Kanister steckt man einen Schlauch und saugt an, bis dieser mit Wasser gefüllt ist. Man verschließt das Schlauchende mit dem Daumen und hält es in ein Auffanggefäß. Das Wasser fließt durch den Schlauch in das Gefäß.
Das mit Wasser gefüllte Schlauchstück außerhalb des Kanisters ist länger als das im Kanister. Der Druck, den die längere Wassersäule ausübt, ist größer als der Druck im kurzen Schlauchstück. Es entsteht eine Druckdifferenz, die das Wasser fließen läßt.

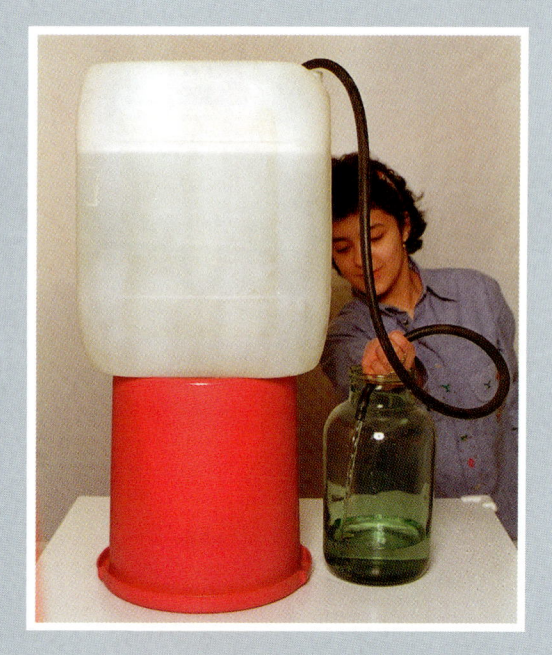

Das ist noch wichtig:
◆ Hebt man den Schlauch oder das Unterstellgefäß mit dem Schlauch gemeinsam an, wird der Wasserfluß immer schwächer, bis schließlich bei gleicher Flüssigkeitshöhe das Wasser aufhört zu fließen.
◆ Mit dieser Vorrichtung kann der Kanister ohne große Kraftanstrengung geleert werden; der Kanister auf dem Foto faßt 35 Liter, könnte also von dem Mädchen nicht leicht auf herkömmliche Weise entleert werden.
◆ Statt das Wasser anzusaugen, kann auch anders vorgegangen werden; man füllt den Schlauch bei der Wasserleitung - Schlauchenden gleich hoch halten -, verschließt beide Schlauchseiten mit den Fingern und gibt den Schlauch in den Kanister, während man unten noch zuhält; nun öffnet man auch unten den Schlauch, und das Wasser fließt.
◆ Um den schweren Kanister nicht heben zu müssen, kann er auch leer auf den Tisch gestellt werden und mit einem Gefäß langsam gefüllt werden.
◆ Gut durchzuführen ist der Versuch, wenn der Kanister einfach auf dem Tisch steht und das Unterstellgefäß auf dem Fußboden.
◆ Diese Methode zum Entleeren von großen Gefäßen hat vielfältige praktische Bedeutung. Möchte man ein großes Aquarium entleeren, ist es nicht möglich, dieses einfach hochzuheben - mit dem Winkelheber gelingt das Entleeren leicht. Sollte bei einer Überlandfahrt das Benzin ausgehen, kann etwas Benzin eines hilfreichen Autofahrers mit der Hebermethode abgezapft werden; aber Vorsicht - das Benzin darf nicht in den Mund gelangen; einige Benzinadditive (z. B. Benzol) sind hochgiftig.

◆ *Experimente mit Spaß* ◆

Die Pascalsche Holzkugel
(Gleicher hydrostatischer Druck in gleicher Tiefe)

Das wird gebraucht:
Kunststoffwanne oder großes Glasgefäß, Glasrohr, Holzkugel

So wird es gemacht:
Das Gefäß wird ca. zu 2/3 mit Wasser gefüllt. In das Wasser hält man senkrecht das Glasrohr und wirft von oben eine kleine Holzkugel hinein.

Die Kugel schwimmt auf der inneren Wassersäule in gleicher Höhe wie das umgebende Wasser. Neigt man das Glasrohr in der Wanne, bleibt die Höhe der Holzkugel und des Umgebungswassers konstant.

Obwohl im geneigten Rohr mehr Wasser eindringt, verändert sich der Druck nicht. Der Druck hängt von der senkrecht über dem Boden stehenden Flüssigkeitshöhe ab.

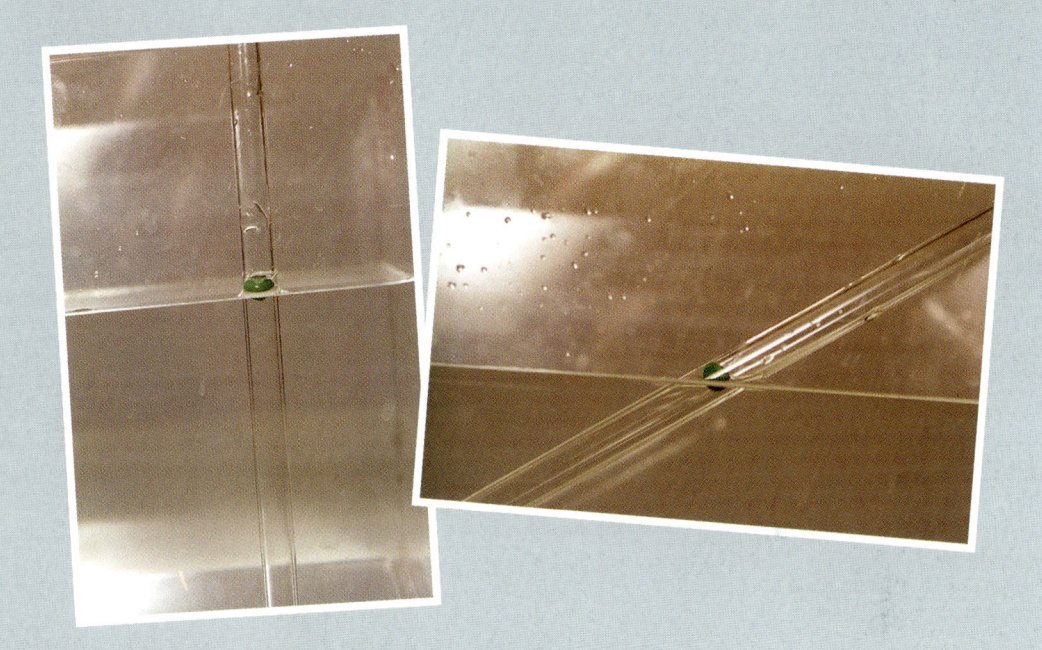

Das ist noch wichtig:
◆ Das erstmals von Simon Stevin (1548-1620) beobachtete Phänomen wurde von Blaise Pascal (1623-1662) beschrieben.
◆ Um Vergleiche anstellen zu können, muß das Rohrende in beiden Untersuchungsfällen gleiche Eintauchtiefe besitzen.
◆ Möchte man das Glasrohr nicht bis zum Wannenboden absenken, kann auch an der Außenseite der Wanne mit einem Farbkleber eine Höhenmarkierung angebracht werden. Nun kann man das Rohr beide Male in gleiche Tiefe eintauchen.
◆ Der Versuch kann statt mit der Holzperle auch mit gefärbtem Öl durchgeführt werden. Dazu taucht man das Glasrohr in die Wanne und tropft von oben mit der Pipette etwas Öl hinein. Die Reinigung der Pipette und des Glasrohres sind allerdings mühsam.

◆ *Tiefenrausch* ◆

Es drückt von allen Seiten
(Gleicher Druck in gleicher Tiefe)

Das wird gebraucht:

Glatte Wand (auch Türen bzw. Kastentüren oder Schachtel möglich), 2 gleichlange Glasröhren (ca. 15-20 cm), dazu passende Schlauchstücke, Glas, Tropfpipette, Klebeband, tiefes Gefäß (z. B. abgeschnittene PET-Flasche), Lebensmittelfarbe, 3 Trinkhalme mit Knie (Abbiegestelle), Schere, Permanentschreiber

So wird es gemacht:

Zwei Glasröhren werden mit einem Schlauchstück zu einem U-Rohr verbunden. An einem der beiden Glasrohre wird zusätzlich ein etwas längeres Schlauchstück befestigt. Die Vorrichtung wird mit Klebeband an einer Wand fixiert. Die Füllung mit gefärbter Flüssigkeit erfolgt mit einer Tropfpipette - es sollte soviel Wasser eingefüllt werden, daß immer beide Wassersäulen noch sichtbar sind.
Die drei Trinkhalme werden so abgeschnitten, daß die Öffnungen nach dem Biegen gleichen Abstand besitzen. Ein Halm bleibt gerade, einer wird im rechten Winkel gebogen und der dritte ganz umgebogen und zum besseren Halt mit Klebeband in der entsprechenden Position fixiert. Sollte der Halmdurchmesser zu klein für den Schlauch sein, umwickelt man die gerade Halmseite solange mit Klebeband, bis sie sich luftdicht in den Schlauch einfügen läßt.
Die Messung erfolgt, indem man jeweils einen der drei Halme mit dem „Manometer" verbindet und mit der offenen Halmseite bis zu einer am Gefäß angebrachten Markierung eintaucht.
In allen drei Fällen wird Druckdifferenz angezeigt.
In gleicher Tiefe ist der Druck von allen Seiten gleich groß.
(Bei diesem vereinfachten Versuch können kleine Ungenauigkeiten auftreten).

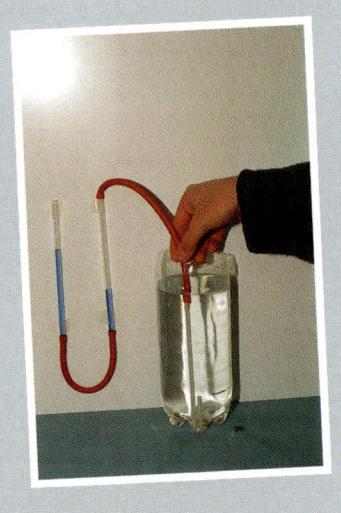

Das ist noch wichtig:

◆ Beim Einfüllen können ev. entstehende Luftblasen in der Flüssigkeit durch leichtes Klopfen an den Glasröhrchen beseitigt werden.
◆ Der Versuch ist nicht genau quantitativ. Er soll nur zeigen, daß der Druck von allen Seiten wirkt.
◆ Der Versuch kann natürlich auch mit einem einfachen Flüssigkeitsmanometer durchgeführt werden.
◆ Als Manometer kann auch das „Selbstbaumanometer" aus „Experimente mit Spaß: Wärme", Seite 18 verwendet werden.
◆ Ein vierter Halm kann in einem beliebigen Winkel gebogen werden, um den allseitigen Druck zu zeigen.
◆ Das U-Rohr kann auch an einer Flasche fixiert werden.

Wasserspiele
(Druck in verschiedenen Tiefen)

Das wird gebraucht:
Aludose 1/2 Liter, Schere, Unterstellgefäß, ev. PET-Flasche, Nagel, Feuerzeug

So wird es gemacht:
Mit einer spitzen Schere oder einem anderen Werkzeug sticht man übereinander drei Löcher in eine Getränkedose. Man verschließt wie beim Flötenspielen die drei Löcher mit den Fingern und füllt die Dose mit Wasser. Über einem großen Gefäß oder dem Ausguß entfernt man die Finger.
Das Wasser spritzt aus den Löchern.
Der größte Druck herrscht am Boden des Gefäßes - beim untersten Loch spritzt daher das Wasser am weitesten.

Das ist noch wichtig:
◆ Dieser Versuch kann auch gut mit einer PET-Flasche durchgeführt werden; dazu bohrt man mit einem heißen Nagel (Feuerzeug oder Brenner verwenden) mehrere Löcher in die Flasche und verfährt sonst wie vorher beschrieben.
◆ Bei hohen Gefäßen können auch mehr als drei Löcher gebohrt werden.
◆ Zur besseren Sichtbarkeit kann das Wasser auch mit Lebensmittelfarbe gefärbt werden.

Der kleine Springbrunnen
(Luftblase unter Wasser)

Das wird gebraucht:
Kunststoffwanne oder anderes durchsichtiges Gefäß, kleiner Glastrichter oder durchsichtiger Kunststofftrichter

So wird es gemacht:
Eine Kunststoffwanne wird zu ca. 3/4 mit Wasser gefüllt. Der Hals eines Trichters wird mit Wasser gefüllt und mit dem Finger verschlossen. Nun taucht man den Trichter soweit unter Wasser, daß nur noch ein kleines Stück des Trichterhalses aus dem Wasser ragt. Man entfernt den Finger.
Das Wasser spritzt springbrunnenartig aus dem Trichter. Durch die im Trichter befindliche Luftblase wird Druck auf die kleine Wassersäule ausgeübt. Beim Entfernen des Fingers wird das Wasser aus dem Trichter gepreßt.

Das ist noch wichtig:
◆ Der Trichterhals kann auf folgende Arten mit Wasser gefüllt werden: man taucht den Trichterhals ins Wasser, verschließt den Trichter mit einem Finger von innen, dreht ihn um, hält die Trichteröffnung von außen und entfernt den anderen Finger.
Oder man verschließt den Trichter mit dem Finger von außen, füllt etwas Wasser in den Trichter und läßt soviel Wasser ausfließen, bis nur noch eine kleine Wassersäule im Trichterhals verbleibt.
◆ Manchmal wird der Versuch auch folgendermaßen beschrieben: „Man bringt den vollkommen mit Luft gefüllten Trichter knapp unter die Wasseroberfläche und entfernt dann den Finger." Auf diese Art gelingt der Wasserspringbrunnen nicht so verläßlich wie auf die vorher beschriebene Art.
◆ Ein weitere Variante des Experimentes besteht darin, den Trichter sehr schnell unter Wasser zu drücken; auch dabei entstehen schöne Wasserfontänen.
◆ Für diesen Versuch kann das Wasser auch leicht mit Lebensmittelfarbe gefärbt werden.

Der Schraubdeckeltaucher
(Hydrostatischer Druck)

Das wird gebraucht:
An beiden Seiten offenes Glasrohr (Durchmesser einige Zentimeter, Länge ca. 25 cm), großes Becherglas oder anderes durchsichtiges Tauchgefäß, Eingießglas, Blechdeckel (wie er zum Verschrauben von Marmeladegläsern verwendet wird), Lebensmittelfarbe

So wird es gemacht:
An eine Seite des Glasrohres drückt man den Blechdeckel mit der mit Kunststoff beschichteten Seite, hält ihn fest und taucht ihn mit dem Glasrohr rasch unter Wasser. Von oben gießt man gefärbtes Wasser ein, bis der Wasserstand außen und innen gleich hoch ist.
Der Deckel hält unter Wasser am Rohr fest. Bei Niveaugleichheit sinkt der Deckel zu Boden, und das gefärbte Wasser strömt aus.
Der Aufdruck hält den Deckel solange fest, bis Druckgleichheit innerhalb und außerhalb des Rohres herrscht.

Das ist noch wichtig:
- Um bessere Dichtheit zu erreichen, kann der Blechdeckel innen leicht eingefettet werden. Trotzdem sickert von unten her langsam Wasser in das Glasrohr. Dies geschieht allerdings so langsam, daß es den Versuch nicht stört, wenn man mit dem Eingießen des Wassers nicht zu lange wartet.
- Der verwendete Verschluß sollte auf alle Fälle eine größere Dichte als Wasser besitzen, da er sonst bei Druckausgleich nicht sinkt - vorher ausprobieren.
- Beim Einfüllen sollte man das Wasser nicht direkt auf den Deckel, sondern an die innere Glasrohrwand gießen, da bei zu starkem Druck sich der Deckel lösen könnte.
- Möchte man den Versuch nicht als Freihandversuch durchführen, kann das Glasrohr auch im Stativ eingespannt werden.

◆ *Tiefenrausch* ◆

Der Pulszeiger
(Sichtbarmachung des Pulsschlages)

Das wird gebraucht:
Reißnagel, Zündholz

So wird es gemacht:
Ein Zündholz wird vorsichtig auf einen Reißnagel gesteckt.

Nun legt man eine Hand mit dem Handrücken nach unten auf eine Tischplatte und stellt den Reißnagel mit dem Zündholz auf das Handgelenk. Wenn man den Arm ganz ruhig hält, sieht man, wie sich der Zeiger im Pulsrhythmus bewegt.

Das Herz pumpt Blut durch die Arterien der Hand; die rhythmischen Pulsbewegungen übertragen sich über den kurzen Hebel des Reißnagels auf das Zündholz und werden so sichtbar.

Das ist noch wichtig:
◆ Das Zündholz muß sehr vorsichtig auf den Reißnagel gesteckt werden, da das Holz leicht splittern kann.
◆ Wenn die Arterie des Handgelenkes gut sichtbar ist, stellt man den Reißnagel so auf das Handgelenk, daß nur eine Reißnagelseite auf der Ader aufliegt. Dadurch wird jeweils eine Seite angehoben und die Ausschläge sind besser sichtbar.
◆ Die Anzahl der Schläge pro Minute nennt man Pulsfrequenz. Die Frequenz des Arterienpulses stimmt normalerweise mit der Herzfrequenz überein (siehe auch „Die Lebenspumpe").

Wie stark der Druck des vom Herzen verursachten Blutdrucks sein muß, kann man ermessen, wenn man weiß, daß das Herz pro Schlag ca. 70 ml Blut ausstößt; d.h. in ca. 1 1/2 Minuten passiert das gesamte Blut des Körpers das Herz.

Der Herztod
(Aussetzen des Pulses)

Das wird gebraucht:
Ein bis zwei große Flummis oder Tennisbälle

So wird es gemacht:
Vor Beginn des Versuches muß man eine kleine Geschichte erzählen. Man behauptet, mit Hilfe ganz spezieller asiatischer Konzentrationstechniken, ähnlich dem Yoga, sein Herz kurzzeitig anhalten zu können. Es muß dazu allerdings vollkommen still sein, da diese Übung sehr gefährlich sei, und man sich nur so voll konzentrieren könne. Als Vorbereitung - unsichtbar für die Zuseher - klemmt man sich einen kleinen Ball unter die Achsel. Man bittet einen Zuseher einem den Puls zu fühlen. Nun beginnt der eigentliche „Versuch". Man bittet um vollkommene Ruhe und sagt, daß man jetzt sein Herz anhalten werde. Der Zuseher, der den Puls fühlt, soll dem Publikum sagen, wenn dieser nicht mehr fühlbar ist. Nach kurzer Zeit spürt dieser keinen Pulsschlag mehr und teilt dies den anderen Zusehern mit. Jetzt läßt man sein Herz wieder schlagen und der Puls wird wieder fühlbar.

Der Experimentator muß in dem Moment, wo er behauptet, das Herz anzuhalten, den Ball fest unter seiner Achsel mit dem Arm an seinen Körper pressen. Dabei wird die Armschlagader abgequetscht, und das Blut kann nicht mehr bis zum Handgelenk fließen. Man spürt natürlich auch keinen Puls. So kann dem Publikum glaubhaft gemacht werden, daß das Herz, welches ja das Blut durch den Körper pumpt, zu schlagen aufgehört hat. Lockert man den Arm wieder, wird der Puls wieder spürbar (man sagt, das Herz beginnt wieder zu schlagen).

Das ist noch wichtig:
- Dieser Versuch „lebt" von der Art der Präsentation und kann zu großem Erstaunen bis Schaudern führen. Gut wirkt es auch, die Augen zu schließen, davor zu warnen, den Versuch selbst zu probieren oder gar das Herz zu lange anzuhalten.
- Der Ball muß so unter der Achsel eingeklemmt sein, daß die Zuseher nichts davon merken. Eventuell kann man vorher vor dem Spiegel üben, um eine lockere Körperhaltung zu zeigen.
- Trägt man weite Kleidung, kann man das Tragen der Bälle sehr leicht verbergen.
- Es ist für diesen Versuch ebenfalls sehr günstig, wenn man unter beide Achseln Bälle einklemmt. Es könnte nämlich sein, daß ein mißtrauischer „Pulsfühler" bei der Aufforderung, den Puls der rechten Hand zu erfühlen, darauf besteht, ihn links zu überprüfen. Für diesen Notfall ist der zweite Ball da.
- Der Puls wird am besten mit leichtem Druck der Fingerkuppe auf dem inneren Handgelenk nahe beim Daumen erfühlt - probieren.
- Bei der abgeklemmten Ader handelt es sich um die Armschlagader, lat. Arteria brachialis.

◆ *Tiefenrausch* ◆

Der Pulsar aus dem Joghurtbecher
(Druckausgleich zwischen Salz- und Leitungswasser)

Das wird gebraucht:
Glasgefäß, Joghurtbecher, Nadel, Stativ und Stativring, Becherglas, Glasstab, Kaliumpermanganat, Kochsalz

So wird es gemacht:
In einem Becherglas stellt man eine Kochsalzlösung her, in die man etwas Kaliumpermanganat gibt. In einen Joghurtbecher macht man mit einer Nadel in die Mitte des Bodens ein kleines Loch. Das Glasgefäß wird ca. zu 3/4 mit Wasser gefüllt. Der Becher wird so im Stativring fixiert, daß er einige Zentimeter in das Wasser ragt. Nun gibt man soviel gefärbtes Salzwasser in den Becher, bis die Füllhöhe gleich ist mit dem umgebenden Wasserstand.

Das gefärbte Salzwasser fließt in einem dünnen Strahl in das Wasser. Nach einigen Minuten wird die Strömung schwächer und hört schließlich ganz auf, um nach einiger Zeit wieder zu beginnen.

Anfangs wird das Ausfließen des Salzwassers durch die größere Dichte und den dadurch größeren Druck bewirkt. Bei gleichem Druck innerhalb und außerhalb des Joghurtbechers hört das Fließen auf. Nun beginnt Wasser durch das Loch in den Becher einzudringen und erhöht in diesem wieder den Wasserspiegel und damit den Flüssigkeitsdruck. Das gefärbte Salzwasser beginnt erneut zu strömen.

Das ist noch wichtig:
◆ Bei diesem sich wiederholendem Vorgang handelt es sich um eine Oszillation. Die Zeiten zwischen den einzelnen Perioden können bei verschiedenen Versuchsanordnungen sehr unterschiedlich sein. Hauptsächlich hängen sie vom Durchmesser des Loches ab; teilweise natürlich auch von der Salzkonzentration und dem Durchmesser des Bechers.
Diese Flüssigkeitsoszillatoren können zwischen einigen Stunden bis zu mehreren Tagen in Betrieb sein.
◆ Man müßte eigentlich vermuten, daß das System bei Druckausgleich in Ruhe bleibt. Warum ist das nicht so? Die kleinsten Störungen an der Grenzschicht zwischen den beiden verschieden dichten Flüssigkeiten rufen eine Welle hervor, die durch den Dichteunterschied verstärkt wird. Nun kann das Wasser in das Salzwasser einfließen.
◆ Wenn man nicht die ganze Oszillationsdauer abwarten möchte, kann man auch leicht mit dem Finger auf den Becher klopfen. Es entstehen dann kleine Wölkchen, die wie kleine umgedrehte Regenschirme aussehen.
◆ Der gleiche Versuch kann auch gut mit Wasser und Himbeersaft durchgeführt werden, den man dazu in den Becher füllt.

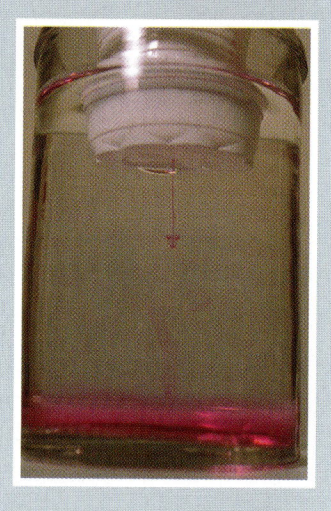

◆ Experimente mit Spaß ◆

Schief aber doch gerade
(Waagrechte Oberflächen)

Das wird gebraucht:
Wasserwanne, Wasserwaage, Geodreieck, Wollfaden, Schraubenmutter, Stativ und Stativmaterial, Holzklötzchen, ev. Lebensmittelfarbe

So wird es gemacht:
Eine Wanne wird zu ca. 3/4 mit Wasser gefüllt. Aus einem Wollfaden und einer Schraubenmutter oder einem anderen kleinen Gegenstand wird ein Lot hergestellt, das ins Wasser hängen soll.
Vor die Wanne hält man parallel zur Wasseroberfläche eine Wasserwaage. An die Wasseroberfläche nahe zum Lot hält man ein Geodreieck.
Jetzt legt man unter eine Seite der Wanne ein Holzklötzchen. Bleibt die Oberfläche waagrecht? Bleibt der rechte Winkel oder ändert sich der Winkel zwischen Wasseroberfläche und Lot?
Man überprüft erneut.
Flüssigkeitsoberflächen nehmen immer eine waagrechte Lage ein; das Lot hängt immer senkrecht (lotrecht) und bildet mit der Oberfläche immer einen rechten Winkel.

Das ist noch wichtig:
◆ Die Wasserwaage muß so gehalten werden, daß sie wirklich parallel zur Wasseroberfläche liegt. In diesem Fall befindet sich die Luftblase der Libelle der Wasserwaage genau zwischen den beiden Markierungen.
◆ Der Versuch ist mit gefärbtem Wasser viel eindrucksvoller, da der Winkel zwischen Lot und Oberfläche besser sichtbar wird.
◆ Durch das Schiefstellen der Wanne entsteht vorerst der Eindruck, daß der rechte Winkel eventuell nicht erhalten bleibt. Die Überprüfung mit Wasserwaage und Geodreieck klärt den Sachverhalt.
◆ Bei richtiger Präsentation des Versuches gelingt es leicht, einen Teil der Zuschauer vor dem Schiefstellen der Wanne zu verunsichern.

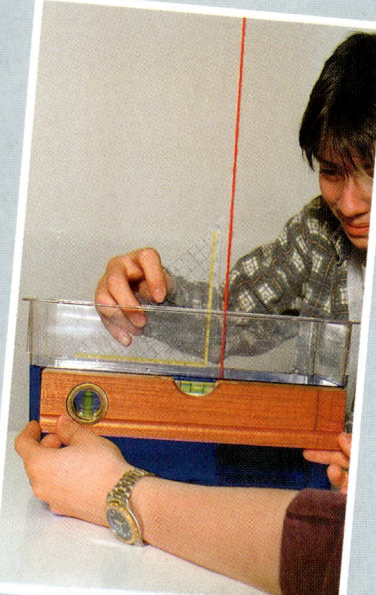

◆ Tiefenrausch ◆

Wie in Sauerbruchs Kammer

Der äußere Luftdruck

Die Knautschflasche 83

Die Luftfeder 83

Da knallt der Erlenmeyer 84

Die Faszination des Luftdrucks 85

Das Gummiventil 86

Die automatische Tiertränke 87

Das Wechselspiel 88

Der Trick mit dem Fliegengitter 89

Das Glas an der Kette 90

Magdeburger Saughaken 91

Die Kraft der Sauger 92

Ei rein, Ei raus 93

Der Ballon im Weltraum 94

Die Anschmiegsamen 95

Das überschäumende Bier 95

Die geplatzte Bombe 96

Der andere Heronsball 97

Im Jahre 1903 wurde der später berühmte Chirurg Ferdinand SAUERBRUCH (1875-1951) von dem Chirurgen Johannes von MIKULICZ (1850-1905) als Volontärassistent nach Breslau, der Hauptstadt Schlesiens (heute in Polen), geholt. Sauerbruch wurde die Aufgabe gestellt zu untersuchen, warum bei Operationen im Brustraum ein Zusammenfallen der Lunge stattfindet. Der sogenannte "offene Pneumothorax" machte Operationen im offenen Brustraum unmöglich.

Nach langen Experimenten konstruierte Sauerbruch eine Operationskammer aus einem Glaszylinder, der in der Längsrichtung die Brust eines Hundes aufnehmen konnte. Die Enden des Zylinders wurden abgedichtet und die Luft soweit abgesaugt, bis der Unterdruck dem Druck in der Lunge entsprach. So konnte die erste Operation am offenen Brustraum ohne Zusammenfallen der Lunge durchgeführt werden.

Der erste Versuche endete mit dem Tod des Hundes, weil die Kammer während des Versuches undicht wurde. Auch die erste Demonstration vor Mikulicz mißglückte. Nach Verbesserungen gelang die Operationstechnik und wurde schließlich so weit abgeändert, daß weitere Operationen in einem Operationssaal mit Unterdruck durchgeführt wurden.

Die Knautschflasche
(Der Luftdruck zerquetscht eine Flasche)

Das wird gebraucht:
PET-Flasche, Vakuumschlauch, Vakuumpumpe (z. B. Wasserstrahlpumpe), Gasbrenner, großer Eisennagel, Zange, Gummistopfen mit Glasrohr

So wird es gemacht:
Ein Eisennagel wird mit einer Zange in die Brennerflamme gehalten. Mit dem heißen Nagel brennt man in die PET-Flasche ein kleines Loch, das etwas kleiner sein soll als der Durchmesser des Vakuumschlauches. Der Vakuumschlauch wird an die Wasserstrahlpumpe angeschlossen und mit dem anderen Ende in die Öffnung gesteckt. Nimmt man die Pumpe in Betrieb, wird Luft aus der Flasche gesaugt.
Da der Druck vermindert wurde, drückt der äußere Luftdruck die Flasche zusammen.

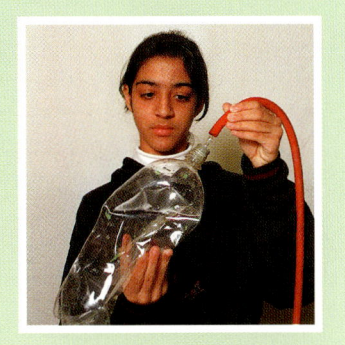

Das ist noch wichtig:
- Voraussetzung für das Funktionieren des Versuches ist die vollständige Dichtheit der Flasche. Dazu muß das Loch einen etwas kleineren Durchmesser als der Schlauch besitzen - der Schlauch muß fest im Loch sitzen. Selbstverständlich muß der Flaschenverschluß fest zugeschraubt sein.
- Öffnet man nach dem Versuch die Flasche, kann diese wieder aufgeblasen und nochmals verwendet werden.
- In der Abbildung wurde die Luft mittels eines Gummistopfens mit Glasrohr direkt bei der Flaschenöffnung abgesaugt.

Die Luftfeder
(Die Wirkung des äußeren Luftdrucks bei Spritzen)

Das wird gebraucht:
Kunststoffspritze 20 ml oder größer, Gasbrenner oder Feuerzeug, feuerfeste Unterlage

So wird es gemacht:
Der Kolben einer Kunststoffspritze wird vollständig in den Spritzenzylinder geschoben. Nun verschweißt man die Spritzenöffnung, indem man diese mit dem Brenner oder Feuerzeug erhitzt, bis der Kunststoff weich wird. Die Öffnung drückt man nun auf eine feuerfeste Unterlage und läßt kurz abkühlen.
Zieht man nun den Kolben ein Stück aus dem Kolbenzylinder, schiebt sich dieser wieder ein Stück hinein.
Durch das Herausziehen des Kolbens entsteht ein Unterdruck; der äußere Luftdruck drückt den Kolben wieder in den Zylinder.

◆ *Wie in Sauerbruchs Kammer* ◆

Das ist noch wichtig:

- ◆ Auf vollkommene Dichtheit der Spritze ist zu achten.
- ◆ Durch die zwischen Kolben und Zylinder herrschende Reibung ist ein vollständiges Zurückkehren des Kolbens in die Ausgangsstellung nicht möglich. Wird der Versuch wiederholt, schiebt man den Kolben einfach wieder ganz in den Spritzenzylinder.
- ◆ Wird der Spritzenkolben mit viel Kraft ganz herausgezogen, kann er nicht mehr ganz in den Zylinder hineingeschoben werden.
- ◆ Mit Gas gefüllte Zylinder werden häufig bei Gasfedern verwendet.

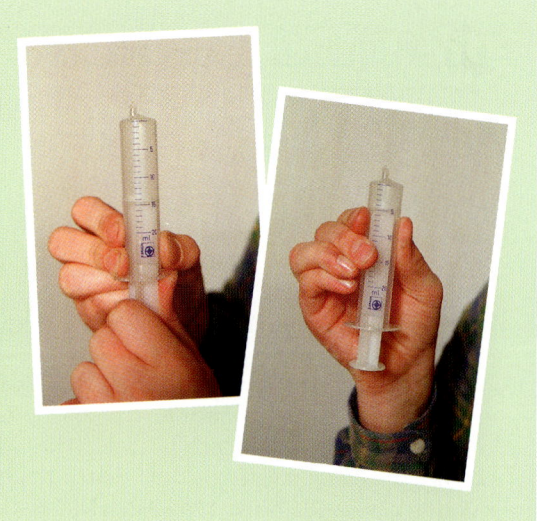

Da knallt der Erlenmeyer
(Der Luftdruck zerstört die Membrane)

Das wird gebraucht:
Erlenmeyerkolben mit seitlichem Ansatzrohr (Saugflasche), Vakuumschlauch, Wasserstrahlpumpe, Einsiedefolie, Gummiring

So wird es gemacht:
Eine feuchte Einsiedefolie wird über den Hals des Erlenmeyerkolbens gespannt und mit einem Gummiring fixiert. Nach dem Trocknen der Folie schließt man den Kolben mit dem Vakuumschlauch an die Wasserstrahlpumpe an und saugt die Luft aus dem Kolben.
Nach einiger Zeit beginnt sich die Membrane nach innen zu wölben und schließlich mit einem leichten Knall zu zerreißen.
Nach dem Absaugen der Luft drückt der äußere Luftdruck auf die Folie und zerstört diese.

Das ist noch wichtig:

- ◆ Beim Verschließen von Marmeladegläsern erreicht man den Unterdruck dadurch, daß die Marmelade heiß eingefüllt wird und sich die heiße Luft beim Abkühlen zusammenzieht.
- ◆ Wenn man beim Öffnen von mit Cellophan verschlossenen Gläsern mit dem Finger auf das gespannte Häutchen schlägt, entsteht beim Eindringen der Luft ebenfalls ein leichter Knall.

◆ Experimente mit Spaß ◆

Die Faszination des Luftdrucks
(Der Luftdruck hält eine Wassersäule)

Das wird gebraucht:
Langes Glasrohr mit ca. 2-3 cm Durchmesser und 1,50 m Länge, Gummistopfen passend zum Glasrohr, Glasgefäß, Becherglas, gefärbtes Wasser

So wird es gemacht:
Ein Glasrohr wird mit einem Gummistopfen verschlossen und mit gefärbtem Wasser gefüllt. Ein etwas größeres Glasgefäß wird bis knapp unter den Rand mit Wasser gefüllt. Nun verschließt man das Glasrohr mit dem Daumen, dreht es vorsichtig um 180 Grad und senkt die immer noch mit dem Daumen verschlossene Glasrohrseite in das Wasser. Der Daumen wird erst unter Wasser entfernt.
Das Wasser fließt nicht aus.
Die Wassersäule wird durch den äußeren Luftdruck, der auf die Wasseroberfläche drückt, gehalten.

Das ist noch wichtig:
◆ Hätte man ein ca. 10 Meter langes Glasrohr, könnte der Luftdruck in diesem gerade noch die Wassersäule halten. Da der Versuch mit einem so langen Glasrohr nicht ohne weiteres durchführbar ist, kann man als Abwandlung folgendes versuchen:
man verwendet statt des Glasrohres einen etwas mehr als 10 m langen durchsichtigen Schlauch, füllt ihn mit Wasser und läßt ihn auf einer Seite verschlossen in einen Kübel mit Wasser hängen; im Stiegenhaus ist das möglich. Der Luftdruck hält dann die ca. 10 m lange Wassersäule. Die genau Länge ist höhen- und luftdruckabhängig.
◆ Früher wurde dieser Versuch gerne im Labor mit Quecksilber gezeigt. Der Luftdruck hält eine Quecksilbersäule von ca. 760 mm (Quecksilber besitzt eine viel größere Dichte als Wasser). Von diesem Versuch ist wegen der Giftigkeit der Quecksilberdämpfe abzuraten.
◆ Der Durchmesser des Glasrohres soll nicht größer gewählt werden, als man es mit dem Daumen gerade noch verschließen kann (notfalls einen Stopfen verwenden und unter Wasser entfernen).

◆ Wie in Sauerbruchs Kammer ◆

Das Gummiventil
(Der Luftdruck hält die Wassersäule)

Das wird gebraucht:
1 1/2 oder 2 Liter Kunststoffflasche (ev. PET-Flasche), Gummikapsel zum Verschließen von Flaschen, scharfes Messer, Wasserwanne

So wird es gemacht:
Mit einem scharfen Messer schneidet man den Boden der Kunststoffflasche ab. Den Flaschenverschluß schneidet man vorsichtig etwa zur Hälfte ein und steckt ihn auf den Flaschenhals.
Nun taucht man die Flasche mit der Öffnung nach unten in das Wassergefäß. Die Flasche wird schnell hintereinander in das Wasser getaucht.
Das Wasser steigt in der Flasche und spritzt zum Schluß aus dem „Gummiventil".
Beim Absenken der Flasche steigt das Wasser, und Luft entweicht durch das Gummiventil; durch den äußeren Luftdruck (das Ventil verhindert teilweise das erneute Eindringen der Luft in die Flasche) und durch die Trägheit hält die Wassersäule beim schnellen Eintauchen.

Das ist noch wichtig:
◆ Die Gummikapsel erhält man in Haushaltsgeschäften oder gutsortierten Supermärkten außerhalb von Großstädten. Sie wird üblicherweise zum Verschließen von Saftflaschen verwendet.
◆ Vorsicht: Verletzungsgefahr beim Abschneiden der Kunststoffflasche.
◆ Zur besseren Sichtbarkeit kann das Wasser gefärbt werden.
◆ Die Flasche muß wirklich schnell hintereinander ins Wasser getaucht werden, sonst sinkt die Wassersäule zu schnell ab.
◆ Die Ventilöffnung ist so zu halten, daß sie von Personen weggerichtet ist, da das Wasser manchmal heftig herausspritzen kann.

◆ Experimente mit Spaß ◆

Die automatische Tiertränke
(Der äußere Luftdruck hält die Wassersäule)

Das wird gebraucht:
Glas- oder Kunststoffwanne bzw. große Glasschale, Flasche, ev. Stativ und Stativmaterial

So wird es gemacht:
Eine Glas- oder Kunststoffwanne wird zur Hälfte mit Wasser gefüllt. Eine Glasflasche wird ebenfalls mit Wasser gefüllt und mit dem Daumen verschlossen. Man dreht die Flasche um, taucht den Flaschenhals unter Wasser und entfernt den Finger. Das Wasser fließt nicht aus. Nun hebt man die Flasche soweit an, daß sich die Flaschenöffnung wenig über der Wasseroberfläche befindet und das Wasser aus der Flasche ausfließt.
Nach kurzer Zeit steigt das Wasser im Gefäß soweit an, daß die Flaschenöffnung wieder unter Wasser ist. Es fließt nun kein weiteres Wasser aus.
Der äußere Luftdruck drückt auf die Wasseroberfläche und hält so die Wassersäule in der Flasche.

Das ist noch wichtig:
◆ Die Glaswanne darf nur soweit mit Wasser gefüllt werden, daß noch „Platz" für das aus der Flasche ausfließende Wasser bleibt.
◆ Zur besseren Sichtbarkeit kann das Wasser mit Lebensmittelfarbe gefärbt werden. Im abgebildeten Versuch wurde kein Retsina (Flasche) verwendet, sondern gelbgefärbtes Wasser.
◆ Der Versuch kann auch mit einem Stativ durchgeführt werden. Besonders gut gelingt das Experiment, wenn die Glaswanne auf einer Laborhebebühne steht. Die Bühne wird immer um ein Stück abgesenkt - das Wasser fließt aus und hört wieder auf zu Fließen.
◆ Eine Vorrichtung dieser Art wird auch als Tiertränke verwendet. Kann der Tierhalter das Trinkgefäß einige Zeit nicht selber nachfüllen, ist für Vorrat gesorgt. Das Tier trinkt ab, und Wasser fließt automatisch immer wieder nach.

◆ Wie in Sauerbruchs Kammer ◆

Das Wechselspiel
(Luftdruck und Winkelheber)

Das wird gebraucht:
Glas- oder Kunststoffflasche, Schlauch, Glas- oder Kunststoffwanne, Unterstellkübel, hoher Kunststoffkübel, ev. Lebensmittelfarbe, Stativ und Stativmaterial, Kluppe

So wird es gemacht:
Eine Flasche wird mit Wasser gefüllt, mit dem Daumen verschlossen und in die Glaswanne getaucht. Unter Wasser entfernt man den Finger - das Wasser fließt nicht aus. Die Flasche wird im Stativ fixiert. Ein Schlauch wird mit einer Kluppe so an der Glaswanne befestigt, daß das Schlauchende in der Flüssigkeit bis zum Boden reicht. Nun fixiert man den Schlauch so, daß das Ende tiefer als der Wasserspiegel liegt und sich die Schlauchöffnung über dem Unterstellkübel befindet. Man saugt kurz etwas Wasser an und beobachtet.
Es entsteht ein Wechselspiel zwischen Abfließen und Nachfließen. Das Wasser fließt durch die Heberwirkung durch den Schlauch in den Kübel. Wenn der Wasserspiegel tiefer sinkt als die Flaschenöffnung, fließt Wasser aus der Flasche nach, und der Wasserspiegel steigt wieder etwas an - der äußere Luftdruck hält wieder die Wassersäule in der Flasche. Das Wasser fließt solange, bis die Flasche leer ist.

Das ist noch wichtig:
- Statt des Kunststoffkübels kann die Glaswanne auch auf einen Tisch oder Sessel gestellt werden.
- Zur besseren Sichtbarkeit ist es günstig, das Wasser mit Lebensmittelfarbe anzufärben.
- Führen zwei oder mehrere Personen den Versuch aus, können die Flasche und der Schlauch auch gehalten werden - eindrucksvoller ist der Versuch allerdings, wenn Flasche und Schlauch fixiert sind und man die Vorgänge genau beobachten kann. Außerdem ist es schwierig, die Flasche immer in der genauen Position zu halten.
- Weitere Hinweise sind bei den Versuchen „Kinderleicht" und „Die automatische Tiertränke" zu finden.

◆ Experimente mit Spaß ◆

Der Trick mit dem Fliegengitter
(Luftdruck und Oberflächenspannung)

Das wird gebraucht:
Standzylinder, Becherglas, Fliegengitter (Kunststoff), Drahtstück, Kartonstück oder Postkarte, Schere

So wird es gemacht:
Ein kleines Stück Fliegengitter wird mit einem Drahtstück über die Öffnung eines Standzylinders gespannt.
Demonstrativ gießt man Wasser durch das Gitter in den Standzylinder, bis dieser restlos gefüllt ist. Nun legt man eine Postkarte auf das Netz, hält sie mit einer Hand fest und dreht den Zylinder, bis sich die Öffnung unten befindet. Jetzt entfernt man die Postkarte vorsichtig durch Wegziehen. Die Wassersäule verbleibt im Standzylinder.
Die Oberflächenspannung und der äußere Luftdruck halten die Wassersäule.

Das ist noch wichtig:
- Der Versuch sollte natürlich über dem Abflußbecken oder einem großen Behälter durchgeführt werden.
- Durch leichtes Neigen erreicht man das Ausfließen des Wassers.
- Bei einiger Geschicklichkeit gelingt es, jeweils nur einen Teil des Wassers ausfließen zu lassen und durch Zurückdrehen des Zylinders in die senkrechte Haltung die Wassersäule am weiteren Ausfließen zu hindern.
- Dieser Versuch gelingt auch gut, wenn man ein längliches Trinkglas und eine Postkarte verwendet. Dazu legt man auf das gefüllte Wasserglas eine Postkarte, hält diese beim Umdrehen fest und läßt sie dann los. Die Wassersäule bleibt im Glas.

Wie in Sauerbruchs Kammer

Das Glas an der Kette

(Der äußere Luftdruck hält ein Glas)

Das wird gebraucht:

Kugelkette (z. B. von Badewanne- bzw. Waschbeckenverschlüssen), Karton, Kunststoffolie (z. B. Plastikabdeckung von Aluminiumtiefkühlbehältern), Kleber hart, Superkleber, Schere, Bleistift, div. Gläser (z. B. Sektglas, kleines Marmeladeglas oder Marmeladeglas schlanke Form), Schmierfett (ev. Hahnfett)

So wird es gemacht:

Herstellung der Scheibe mit Kette: Ein Stück Karton wird auf beiden Seiten mit einer dickeren Kunststoffolie beklebt; beide Seiten müssen gut mit Kleber hart eingestrichen werden, um eine wirklich gute Verbindung zu erreichen. Aus dem doppelt beschichteten Karton schneidet man eine Kreisscheibe mit einem Durchmesser von ca. 8 cm aus (Größe hängt vom Durchmesser des später verwendeten Glases ab). Den Rest des Kartons hebt man auf, um ev. noch weitere Scheiben auszuschneiden. In die Mitte der Kreisscheibe klebt man auf eine der beiden Seiten die kleine Metallhalterung für Kugelketten mit Superkleber (!) (beim Kauf einer Kugelkette ist darauf zu achten, daß die Halterung beigepackt ist).

Ein kleines Marmeladeglas wird am Rand eingefettet und mit Wasser vollständig gefüllt. Nun schiebt man die Scheibe auf die Glasöffnung und vermeidet, daß Luftblasen miteingeschlossen werden. Man drückt noch leicht auf die Scheibe und probiert knapp über dem Boden, ob das Glas hält.

Nun hält man das Glas am Ende der Kette und beginnt es hin- und herpendeln zu lassen - das Glas hält ohne herunterzufallen.

Der äußere Luftdruck verhindert das Herabfallen des Glases.

Das ist noch wichtig:

◆ Für besonders Mutige: wenn man gute Nerven besitzt und die Scheibe wirklich gewissenhaft nach der Anleitung gebaut hat, kann man das Glas an der Kette kreisen lassen. Mit dem am Foto abgebildeten Marmeladeglas mit dem grün gefärbten Wasser wurde der Versuch wirklich durchgeführt. Es wurde darauf geachtet, daß sich rechts und links der Kreisbahn keine Fenster und Zuschauer befanden. Nach dem gelungenen Versuch, der trotz der Anwesenheit von ca. 25 Personen in vollkommener Stille ablief, löste sich die Metallklammer von der Kunststoffscheibe. Vor dem Ausprobieren wirklich die beschriebenen Sicherheitsvorkehrungen treffen!

◆ Experimente mit Spaß ◆

- Beim Bau der Scheibe muß auf beiden Kartonseiten Kunststoffbeschichtung verwendet werden. Auf der Glasseite ist sie notwendig, damit mit dem Fett absolute Dichtheit erreicht wird; wird die Kettenhalterung nicht auf Kunststoff sondern Karton geklebt, reißt die Anordnung genau an dieser Stelle. Auch ist zu beachten, daß die starken Zugkräfte beim Kreisen des Glases die Metallhalterung abreißen können, wenn nicht mit Superkleber gearbeitet wurde.
- Beim Aufsetzen der Scheibe darf nicht zu fest gedrückt werden; ist der Karton einmal geknickt, erreicht man keine Dichtheit mehr.
- Das Glas und die Scheibe sind so auszuwählen, daß die Kartonscheibe mindestens 1 cm über den Glasrand hinausragt.
- Besonders eindrucksvoll ist der Versuch mit einem Sektglas und gefärbtem Wasser; läßt man das Glas pendeln und verzichtet auf das Kreisen, ist das sicher auch eindrucksvoll genug (darauf achten, daß der Scheibenrand weit genug über den Glasrand ragt).
- Vorsicht bei der Verwendung von Superkleber - nicht auf die Haut oder gar in die Augen bringen!

Magdeburger Saughaken
(Luftdruckunterschiede)

Das wird gebraucht:
2 Saughaken mit Ansaugvorrichtung (Badezimmersaughaken)

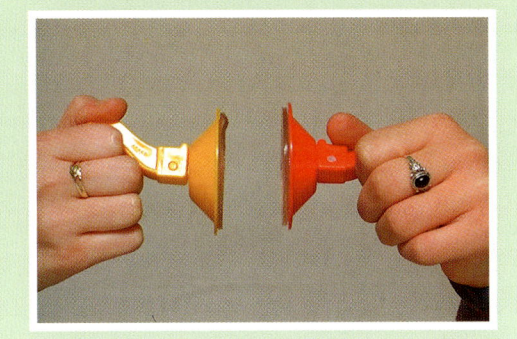

So wird es gemacht:
Zwei Saughaken werden in „geöffneter" Stellung aneinandergepreßt.
Die beiden Anpreßhaken werden umgeklappt. Nun zieht man fest an beiden Haken und versucht sie voneinander zu lösen.
Das gelingt nicht. Durch das Auspressen der Luft entsteht zwischen den beiden Kunststoffmembranen ein Unterdruck.
Der äußere Luftdruck hält die Haken fest zusammen.

Das ist noch wichtig:
- Die beiden Gummimembranen können zur besseren Abdichtung auch befeuchtet werden.
- Beim Ziehen darf man nicht die Haken halten, da man sonst die Saugvorrichtung öffnet.
- Der Magdeburger Bürgermeister Otto von Guericke (1602-1686) führte den historischen Versuch mit zwei Halbkugeln durch, die er luftleer pumpte. Er spannte 16 Pferde vor die Halbkugeln; es gelang den Tieren nicht, diese auseinanderzureißen.

Wie in Sauerbruchs Kammer

Die Kraft der Sauger
(Der äußere Luftdruck)

Das wird gebraucht:
2 Sanitärsaugglocken

So wird es gemacht:
Zwei Saugglocken werden so aneinandergepreßt, daß sie fest zusammenhalten. Zwei Versuchspersonen versuchen nun, die Gummisauger auseinanderzuziehen. Die Trennung der beiden Saugglocken gelingt erst nach einiger Kraftanstrengung. Beim Vereinigen der beiden Glocken wurde Luft herausgepreßt und durch die Elastizität der Gummisauger ein Unterdruck hergestellt. Der nun stärker wirkende äußere Luftdruck preßt die Sauger aneinander.

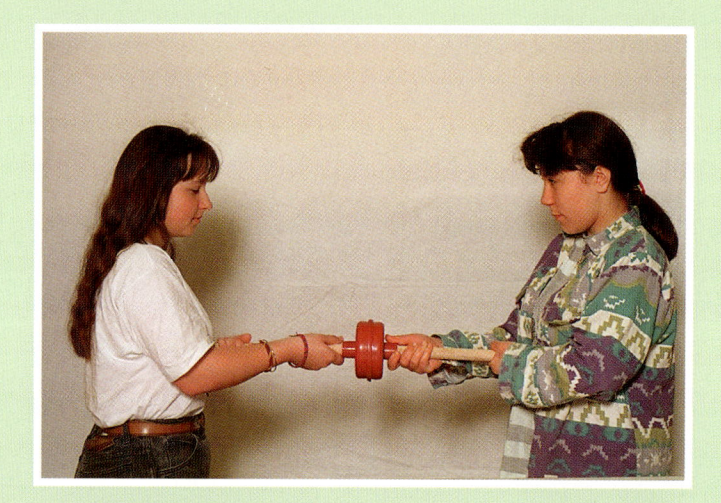

Das ist noch wichtig:
- Um gute Dichtheit zu erlangen, können die Ränder der beiden Gummisauger mit Wasser leicht befeuchtet werden.
- Um beim Aneinanderfügen ein Verrutschen zu vermeiden, legt man dazu die Sauger auf den Tisch und drückt sie zusammen.
- Die Kraft, die notwendig ist, um die Sauger voneinander zu trennen, hängt von der Art der Saugglocken ab, die es in vielen verschiedenen Größen und Qualitätsunterschieden gibt.
- Diese Art von Saugern werden dazu verwendet, verstopfte Abflüsse von Badewannen, Duschen, Waschmuscheln oder Geschirrspülbecken zu reinigen. Beim Aufdrücken der Glocke und beim Abziehen wird der Schmutz im Geruchsverschluß gelockert und kann anschließend mit Wasser durchgespült werden. Hartnäckige Verstopfungen können allerdings nur durch Zerlegen oder mit Hilfe von Abflußreinigern behoben werden. Chemische Reiniger belasten die Umwelt und sollten nur dann verwendet werden, wenn alle mechanischen Reinigungsmethoden versagen.
- Geschichtlicher Bezug siehe „Magdeburger Saughaken".

♦ *Experimente mit Spaß* ♦

Ei rein, Ei raus
(Der äußere Luftdruck)

Das wird gebraucht:
Erlenmeyerkolben oder Glasflasche mit weitem Hals, mittelweich gekochtes Ei, Streichhölzer, Zeitungspapier, Gasbrenner, Glycerin oder Speiseöl

So wird es gemacht:
Die Glasflasche wird am oberen Rand innen leicht mit Glycerin benetzt oder eingefettet. Aus Zeitungspapier faltet man einen Fidibus. Man entzündet das Papier und wirft es brennend in das Glasgefäß. Wenn das Papier erlischt, setzt man das Ei auf den Glashals, drückt leicht an und läßt dann los.
Das Ei rutscht in die Flasche.
Beim Brennen des Papiers erwärmt sich die Luft in der Flasche und dehnt sich aus. Beim Abkühlen zieht sich die erwärmte Luft wieder zusammen. Der äußere Luftdruck preßt nun das Ei in die Flasche. Möchte man das Ei wieder aus der Flasche entfernen, geht man folgendermaßen vor: man kippt den Kolben bis das Ei dicht an der Öffnung liegt. Nun erwärmt man vorsichtig mit dem Gasbrenner. Das Ei rutscht aus der Flasche und wird beim Herausgleiten aufgefangen.

Das ist noch wichtig:
- Möchte man den Versuch außerhalb des Labors zeigen, kann man natürlich auch einen Kartuschen- oder Spiritusbrenner verwenden.
- Der Flaschenhalsdurchmesser sollte etwa ein Drittel kleiner sein als der Eidurchmesser. Einen günstigen Durchmesser besitzen Glasmilchflaschen. Verwendet man Milchflaschen, sind durchsichtige den braunen Flaschen vorzuziehen.
- Mit hartgekochten Eiern gelingt der Versuch nicht so gut - diese sind nicht elastisch genug. Günstig sind Fünf-Minuten-Eier.
- Möchte man verhindern, daß das Ei beim Hineinrutschen zerplatzt, kann man den Kolben leicht schräg halten und so den Aufprall vermindern.
- Dieser Versuch gelingt auch gut mit entkalkten Eiern. Dazu legt man das rohe Ei in Salzsäure und löst so die Kalkschale ab. Durch die Säure wird das Eiweiß an der äußeren Schicht fest (denaturiert). Die so behandelten Eier sind sehr flexibel aber auch ziemlich empfindlich. Statt Salzsäure kann zum Ablösen auch Essig verwendet werden - das dauert aber viel länger.
- Zur Herstellung eines Fidibus rollt man eine halbe Zeitungsseite diagonal zusammen und faltet das glattgestrichene Röllchen einmal.
- Statt Verwendung von Zeitungspapier zum Erhitzen kann auch folgendermaßen vorgegangen werden. Man spült die Flasche mit Spritus oder Alkohol aus (Rest ausschütten) und wirft ein brennendes Streichholz in die Flasche. Der Spiritus beginnt zu brennen - sofort nach dem Erlöschen setzt man das Ei auf.

◆ *Wie in Sauerbruchs Kammer* ◆

Der Ballon im Weltraum
(Luftballon im Unterdruck)

Das wird gebraucht:
Vakuumgefäß, Vakuumschlauch, Wasserstrahlpumpe, kleiner Luftballon (sogenannte Wasserbombe), ev. Kunststoffaden, Klebeband

So wird es gemacht:
In ein Vakuumglasgefäß legt man einen wenig aufgeblasenen Luftballon und stellt die Wasserstrahlpumpe an. Nach kurzer Zeit beginnt der Ballon größer zu werden.
Durch den verminderten Druck in der Glaskugel herrscht für die Luft im Ballon ein geringerer Gegendruck, und die Gummihaut kann sich stärker dehnen.

Das ist noch wichtig:
◆ Um den Ballon in die Mitte der Kugel zu bringen, kann dieser mit einem kleinen Stück durchsichtigen Kunststoffadens und einem Klebeband befestigt werden.
◆ Ist der Ballon vor Versuchsbeginn zu stark aufgeblasen, zerplatzt er im Unterdruck.
◆ Um in der Kugel wieder Normaldruck herzustellen, zieht man vorsichtig den Gummistopfen der Glaskugel; keinesfalls sollte man erst die Wasserstrahlpumpe abdrehen - Wasser schlägt in diesem Fall zurück und gelangt in die Kugel.
◆ Bei Herstellung des normalen Luftdrucks schrumpft der Ballon wieder. Sollte er zerplatzt sein, wirbeln die Ballonteilchen in der Kugel umher.
◆ Steigen auf der Erde Ballons auf, werden auch diese mit zunehmender Höhe und damit verbundener Druckabnahme immer größer und können auch platzen (z. B. Wetterballons).

◆ Experimente mit Spaß ◆

Die Anschmiegsamen
(2 Luftballons im Unterdruck)

Das wird gebraucht:
Vakuumgefäß, Vakuumschlauch, Wasserstrahlpumpe, 2 kleine Luftballons

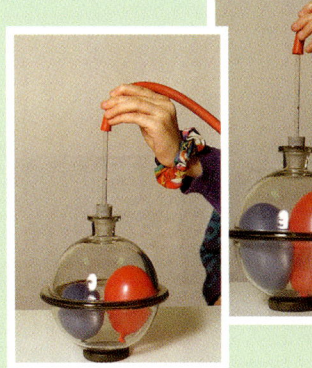

So wird es gemacht:
In ein Vakuumgefäß legt man nebeneinander zwei wenig aufgeblasene Luftballons und nimmt die Wasserstrahlpumpe in Betrieb. Die beiden Ballons werden immer größer und schmiegen sich eng aneinander. Durch den verminderten Luftdruck kann sich die Luft im Ballon und dadurch auch die Gummihaut stärker dehnen.

Das ist noch wichtig:
◆ Sind die Ballons zu stark aufgeblasen, zerplatzen sie.
◆ Verspielte Physiker können noch einen „Babyballon" zusätzlich in das Vakuumgefäß geben. So entsteht eine kleine Familie auf engstem Raum (Vater, Mutter, Kind).

Das überschäumende Bier
(Schaum mit Kohlendioxid dehnt sich bei Unterdruck aus)

Das wird gebraucht:
Vakuumgefäß, Vakuumschlauch, Wasserstrahlpumpe, Trinkglas, Bier

So wird es gemacht:
Ein Glas wird zu ca. 3/4 mit Bier gefüllt und in das Vakuumgefäß gestellt. Die Pumpe wird in Betrieb gesetzt.
Anfangs ist nur wenig zu beobachten; nach kurzer Zeit aber beginnt die dünne Schaumschicht zu wachsen, um endlich weit aus dem Glas zu ragen.
Aufgrund der Oberflächenspannung der Bierflüssigkeit bildet das entweichende Kohlendioxid an der Flüssigkeitsoberfläche eine Schaumschicht. Zwischen Gasdruck des Kohlendioxids und dem äußeren Luftdruck stellt sich ein Gleichgewicht ein. Wird die Luft aus dem Vakuumgefäß gesaugt, entsteht eine Druckdifferenz zwischen Bierschaum und Druck in der Kugel.

◆ Wie in Sauerbruchs Kammer ◆

Das ist noch wichtig:

◆ Wurde das Bierglas mit Spülmittel gereinigt, sollte gut nachgespült werden. Das Spülmittel zerstört die Oberflächenspannung.
◆ Beim Eingießen des Bieres in das Glas achtet man darauf, daß die Schaumschicht nicht zu dick ist; die entstehende Schaumkrone ist dann um so eindrucksvoller.
◆ Da durch den Unterdruck auch Kohlendioxid aus der Flüssigkeit entweichen kann, das bei normalem Luftdruck in Lösung bleibt, kann auch etwas abgestandenes Bier verwendet werden.
◆ Sogenannte „Bierdippler" oder „Hanseltrinker" können mit dieser Methode ihr Bier aber auch nicht mit einer Schaumkrone veredlen. Stellt man im Vakuumgefäß wieder den normalen Luftdruck her, fällt der Schaum zusammen.
Bierdippler: Bezeichnung für Personen, die Bierreste aus großteils geleerten Fässern trinken.
Hanseltrinker: Personen, die in Gaststätten die Bierreste aus nicht ganz ausgetrunkenen Gläsern trinken.

Die geplatzte Bombe
(Schwedenbombe im Unterdruck)

Das wird gebraucht:
Vakuumgefäß, Vakuumschlauch, Wasserstrahlpumpe, Glasschale, Schwedenbombe

So wird es gemacht:
In das Vakuumgefäß stellt man eine verkehrte Glasschale und darauf eine Schwedenbombe. Mit der Wasserstrahlpumpe saugt man die Luft aus dem Gefäß.
Anfangs bekommt die Schwedenbombe kleine Risse und platzt schließlich auf. Der Schaum quillt immer weiter auf. Durch das Absinken des Luftdrucks in der Glaskugel entsteht in den Gasbläschen des Schwedenbombenschaums ein Überdruck. Die Bläschen dehnen sich aus und bringen die Schokoladehülle zum Platzen.

Das ist noch wichtig:
◆ Möchte man die Schwedenbombe nach dem Versuch aufessen, sollte die untergestellte Glasschale gut gereinigt werden. Eventuell kleine Papierserviette auflegen.
◆ Um zu verhindern, daß beim Abdrehen der Vakuumpumpe Wasser in das Vakuumgefäß eindringt, entfernt man erst den Gummistopfen des Gefäßes.
◆ Für diesen Versuch können auch sogenannte Schaumhäferln, Schaumspitze oder Schaumrollen verwendet werden.

Der andere Heronsball
(Springbrunnen durch Luftdruckunterschiede)

Das wird gebraucht:
Rundkolben (1 Liter), passender Gummistopfen doppelt gebohrt, Stativ und Stativmaterial, Arzneifläschchen, passender Gummistopfen einfach gebohrt, Glasrohr zur Spitze gezogen, Winkelrohr, Schlauchstück, Glasolive, Vakuumschlauch, Wasserstrahlpumpe, Lebensmittelfarbe, Glycerin, ev. Gasbrenner, Stopfenbohrer und Ampullenfeile

So wird es gemacht:
Die Bohrung für den großen Stopfen wird seitlich angebracht; für das Arzneifläschchen verwendet man einen einfach gebohrten Stopfen. In die Schmalseite des kleinen Stopfens steckt man ein zur Spitze gezogenes Glasröhrchen - das Röhrchen sollte fast bis zum Boden des Fläschchens reichen. Das Fläschchen füllt man etwa dreiviertel voll mit Wasser und verschließt es mit Gummistopfen und Spitzenröhrchen.
Nun stellt man das Fläschchen auf den großen Gummistopfen und verschließt mit dem Rundkolben. Die Apparatur wird im Stativ fixiert; die Wasserstrahlpumpe wird aufgedreht.
Nach kurzer Zeit spritzt das Wasser aus dem Röhrchen. Die Wasserstrahlpumpe erzeugt einen Unterdruck im Rundkolben. Der Luftdruck im Fläschchen ist jetzt größer als der im Kolben und übt daher einen Überdruck auf die Wasseroberfläche aus. Das Wasser wird aus dem Spitzenröhrchen gedrückt und bildet einen kleinen Springbrunnen.

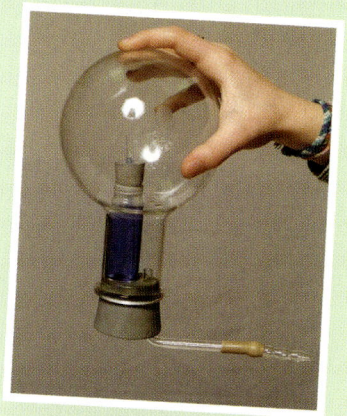

Das ist noch wichtig:
- Zur besseren Sichtbarkeit kann das Wasser mit Lebensmittelfarbe gefärbt werden.
- Für Versuche mit Unterdruck sollten prinzipiell nur Rundkolben verwendet werden - Implosionsgefahr.
- Die Glaskapillare für das Fläschchen kann leicht selbst verfertigt werden: Ein Glasrohr (ca. 8 mm Durchmesser) wird in der rauschenden Brennerflamme erhitzt und zur Spitze gezogen; mit der Ampullenfeile trennt man ein Stück entsprechender Länge ab - man hält dazu das Glasröhrchen neben das Fläschchen und schätzt die richtige Ritzstelle. Das Glasrohrende sollte man rund schmelzen.
- Bohrt man die Gummistopfen selbst, sollte man auf folgendes achten: Bohrer gut schärfen, Holzbrettchen unterlegen, Bohrer mit Glycerin schmieren, immer von der Schmalseite bohren - Verletzungsgefahr!
- Zum leichteren Einfügen der Glasröhren in die Gummistopfen sollte man die Röhrchen außen mit Glycerin benetzen.
- Ähnliche Versuche wurden von dem Mathematiker Heron von Alexandrien durchgeführt.

◆ *Wie in Sauerbruchs Kammer* ◆

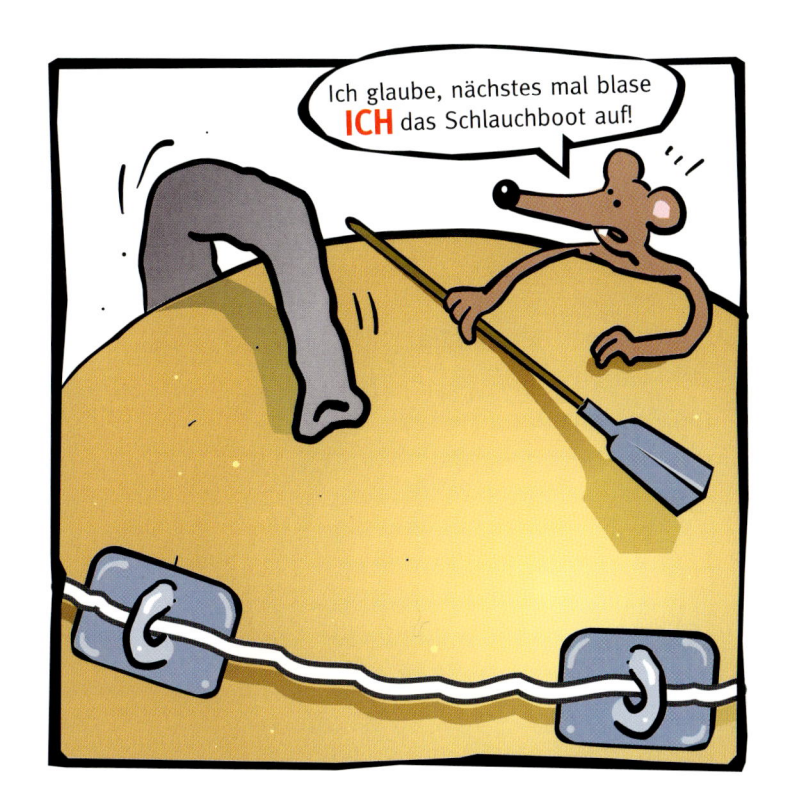

Wer drückt denn da?

Druck in Gasen

Der schwebende Löwe 101
Das Eierschalen-U-Boot 102
Die Kanisterpumpe 103
Die straffe Haut 104
Wer gewinnt? 105
Der Geist aus der Flasche 106
Der Minigasometer 107
Die Raketenbasis 108

Der schwebende Löwe
(Ausnützung des Luftdrucks zum Heben von Lasten)

Das wird gebraucht:
Kaffeehäferl, Luftballon

So wird es gemacht:
Man läßt einen unaufgeblasenen Luftballon in ein Häferl hängen. Man bläst nun den Ballon so weit auf, daß der pralle Ballon teilweise aus dem Gefäß ragt. Man hält das Mundstück zu und hebt das Häferl mit dem Ballon auf.

Durch das Aufblasen des Ballons wird dieser an die Gefäßwand gepreßt. Die starke Reibung ermöglicht nun das Aufheben des Gefäßes.

Das ist noch wichtig:
- Es ist darauf zu achten, daß der Ballon während des Aufblasens wirklich im Häferl bleibt.
- Hebt man das Häferl höher, sollte eine weiche Unterlage zum Schutz verwendet werden.
- Dieser Versuch darf nicht mit dünnwandigen Gläsern oder Tassen durchgeführt werden. Diese können alleine durch den Druck des Luftballons zerbrechen.
- Ähnlich wie bei diesem Versuch drückt der aufgeblasene Schlauch bei einem Fahrrad gegen den Radmantel.

◆ *Wer drückt denn da?* ◆

Das Eierschalen-U-Boot
(Taucherglockenmodell)

Das wird gebraucht:
große durchsichtige Wanne, PET-Flasche, scharfes Messer, Hühnerei, Glas oder Becher, Plastilin, Streichhölzer

So wird es gemacht:
Ein Hühnerei wird vorsichtig aufgeschlagen. Die beiden Schalenhälften werden vorsichtig ausgewaschen. In beide Schalen gibt man ein kleines Stückchen Plastilin, in das man jeweils ein Zündholz steckt. Man läßt beide Schalen auf der Wasseroberfläche in der Wanne schwimmen.
Mit dem scharfen Messer schneidet man einen Teil einer PET-Flasche ab.
Nun stülpt man den becherartigen Flaschenteil mit der Öffnung nach unten über eines der beiden Eierschiffchen und drückt beides vorsichtig unter Wasser.
Die Eierschale schwimmt jetzt unter Wasser in der Flasche. Das Wasser dringt ein kleines Stückchen in die Flasche ein, da die darin befindliche Luft durch den Wasserdruck etwas zusammengedrückt wird.
Vollständig kann das Wasser nicht eindringen; wo ein Körper ist, kann nicht gleichzeitig ein zweiter sein!

Das ist noch wichtig:
◆ Das Ei muß vorsichtig mit einem Messer geteilt werden, um die beiden Eierschalenhälften nicht zu beschädigen.
◆ Beim Zerschneiden der PET-Flasche besteht Verletzungsgefahr - Vorsicht!
◆ Vor dem eigentlichen Versuch ist es günstig auszuprobieren, ob beim Absenken der Flasche das Wasser in der Wanne nicht übergeht - Füllhöhe beachten.
◆ Ähnlich wie bei diesem Versuch funktionieren sogenannte Taucherglocken, die oft Platz für mehrere Personen bieten.

◆ *Experimente mit Spaß* ◆

Die Kanisterpumpe
(Wasser wird durch Luftdruck gepumpt)

Das wird gebraucht:
Kanister, Gummistopfen, Glasröhren, Auffanggefäß (z. B. Glasflasche), Luftpumpe, Stopfenbohrer, Holzstück, Glycerin, Brenner, Ampullenfeile

So wird es gemacht:
Zu einem Kunststoffkanister sucht man einen passenden, gutsitzenden Gummistopfen. In den Stopfen bohrt man zwei Löcher, passend zu dem vorbereiteten Glasrohr. Über dem Brenner biegt man zwei Glasröhren. Die eine Röhre soll bis zum Boden des Kanisters reichen und außen in einem doppelt gebogenen rechten Winkel aus dem Stopfen herausragen. Das zweite Glasrohr ist ein einfaches Winkelrohr, das innen aus dem Stopfen gerade noch ein wenig herausragt.
Der Kanister wird mit Wasser gefüllt und mit dem Stopfen verschlossen. An das einfache Winkelrohr schließt man eine Luftpumpe an; unter das zweite Glasrohr stellt man eine Flasche. Nun beginnt man zu pumpen.
Das Wasser fließt aus dem Glasrohr in die Flasche.
Beim Pumpen entsteht über dem Wasserspiegel ein Überdruck. Der Druck breitet sich im Wasser aus und preßt das Wasser durch die Glasröhre.

Das ist noch wichtig:
◆ Vorsicht beim Bohren des Gummistopfens: Holzunterlage verwenden; Stopfen beim Bohren auf die Breitseite stellen; Glycerin zum Vermindern der Reibung verwenden; Stopfenbohrer vor dem Bohren gut schärfen.
◆ Glasröhren nach dem Abtrennen rundschmelzen.
◆ Der Durchmesser der Winkelglasröhre wurde bei dem abgebildeten Versuch so gewählt, daß sie sich ohne Zwischenstücke direkt am Pumpenschlauch fixieren läßt (8 mm Durchmesser).
◆ Zur besseren Sichtbarkeit kann das Wasser für diesen Versuch mit Lebensmittelfarbe gefärbt werden.
◆ Hört man auf zu pumpen, fließt das Wasser erst schwächer und hört schließlich auf zu rinnen.

◆ *Wer drückt denn da?* ◆

Die straffe Haut
(Druckfortpflanzung in der Luft)

Das wird gebraucht:
Glasrohr, 2 Luftballons, Gummiringe, Schere

So wird es gemacht:
Von zwei Luftballons wird je etwa die Hälfte mit der Schere abgeschnitten. Die beiden Ballonhäute werden mit Gummiringen an den beiden Glasrohrenden befestigt. Nun drückt man mit dem Finger auf eine der beiden Membranen.
Die gegenüberliegende Seite wölbt sich aus dem Rohr heraus.
Durch das Hineindrücken der Gummimembrane entsteht im Rohr ein Überdruck, der auf die zweite Membrane drückt und diese verformt.

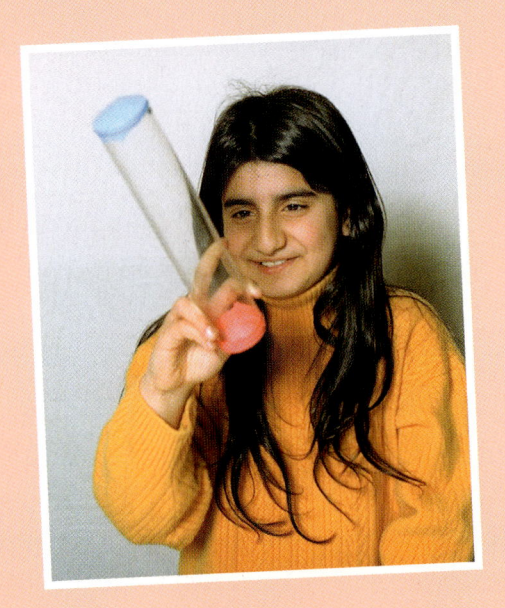

Das ist noch wichtig:
◆ Da sich Luft leicht zusammendrücken läßt, funktioniert dieser Versuch nur mit empfindlichen Membranen.
◆ Steht kein Glasrohr zur Verfügung, gelingt der Versuch auch mit einem Pappendeckelrohr.
◆ Die Gummiringe zum Fixieren der Ballonhäute müssen je nach Größe doppelt oder dreifach genommen werden - die Haut soll ja gut gestrafft sein.

Wer gewinnt?
(Der Druck in verschieden großen Luftballons)

Das wird gebraucht:
2 Luftballons, Kartonrolle (z. B. von Alufolie), scharfes Messer

So wird es gemacht:
Mit einem scharfen Messer schneidet man von der Kartonrolle ein etwa 10 cm langes Stück ab. Ein Luftballon wird teilweise aufgeblasen, durch Abdrehen verschlossen und über die eine Seite der Rolle gezogen. Nun bläst man einen zweiten Ballon stärker auf, dreht ihn ab und zieht ihn über die zweite Seite der Rolle.

Man legt die Anordnung auf den Tisch und dreht beide Ballons so, daß die Luft ausströmen kann. Was wird geschehen? Wird der kleine Ballon größer oder der große Ballon noch größer?

Der große Ballon wird noch größer. Der Widerstand der nicht so stark aufgeblasenen Ballonhaut ist größer - daher wird die Luft in den großen Ballon mit geringerem Widerstand gepreßt.

Das ist noch wichtig:
◆ Vom Aufblasen eines Ballons weiß man, daß der Widerstand anfangs größer ist und dann abnimmt.
◆ Verwendet man eine Pappendeckelrolle der beschriebenen Art, kann man auf eine weitere Fixierung der Ballons verzichten.
◆ Bei einiger Geschicklichkeit gelingt es, allein die Vorbereitungen für diesen Versuch vorzunehmen - leichter geht es mit einem Helfer.
◆ Verfügt man über geeignete Glasröhren und einen Glashahn, kann der Versuch auch ohne Rolle durchgeführt werden. Man befestigt dazu die beiden Ballons an den Enden eines Glasrohres, in dessen Mitte sich der geschlossene Glashahn befindet - nun muß nur noch der Hahn geöffnet werden.

◆ *Wer drückt denn da?* ◆

Der Geist aus der Flasche
(Rauchverdrängung durch Überdruck)

Das wird gebraucht:
Ein Liter Glasflasche (durchsichtig), Spiritus, 2 Petrischalen, Watte, Pinzette, Streichhölzer, Ammoniakwasser (conc.), Salzsäure (conc.), 2 Tropfpipetten

So wird es gemacht:
Man dreht zwei kleine feste Kügelchen aus Watte und legt sie in die beiden Petrischalen. Die eine Wattekugel wird mit Salzsäure und die zweite mit Ammoniakwasser beträufelt. Die Glasflasche wird mit Spiritus oder Alkohol ausgespült; übrige Flüssigkeit wird ausgegossen. In die so präparierte Flasche wirft man mit der Pinzette die beiden Wattekügelchen. Sofort entwickelt sich in der Flasche weißer Rauch. Nun wirft man ein brennendes Streichholz in die Flasche.
Der Spiritus verpufft in der Flasche und drückt den Rauch heraus. Der Vorgang läuft sehr schnell ab. Die Flasche ist wieder klar und durchsichtig (natürlich entsteht nach einiger Zeit erneut Rauch).
Bei der Verbrennung dehnen sich die Gase aus und werden gegen den äußeren Luftdruck aus der Flasche gedrückt.

Das ist noch wichtig:
◆ Der weiße Rauch entsteht aus der Verbindung der beiden entweichenden Gase. Ammoniak und Chlorwasserstoff ergeben Ammoniumchlorid.
◆ Die Ammoniak- und Salzsäuredämpfe dürfen nicht eingeatmet werden - nach dem Versuch gut lüften.
◆ Der Versuch läßt sich auch mit Zigarettenrauch durchführen - falls (noch) Raucher vorhanden. Dazu bläst man den Rauch durch einen Trinkhalm in die Flasche. Der Vorteil in der Verwendung von Zigarettenrauch besteht darin, daß sich in der Flasche kein weiterer Rauch bildet. Der Nachteil dabei ist die schlechte Vorbildwirkung beim Rauchen von Zigaretten.
◆ Da der Versuch nicht sehr leicht auszuführen ist, kann es günstig sein, das Entzünden des Spiritus in der Flasche erst ohne Rauch auszuprobieren - nicht zuviel Spiritus verwenden; auch muß die Flasche vor einem erneuten Versuch gut gelüftet werden - keine Verbrennung ohne Sauerstoff (Luft).

◆ Experimente mit Spaß ◆

Der Minigasometer
(Wasser- und Gasdruck)

Das wird gebraucht:
Zwei 1l-Milchflaschen aus Kunststoff, 2 passende Gummistopfen doppelt gebohrt, Glasrohr ca. 8 mm Durchmesser, Stopfenbohrer, Glycerin, Schlauchstück passend zum Glasrohr, Gasbrenner, Schlauchklemme, Stativ und Stativmaterial oder fixe Halterung aus Holz, Gasentwickler (Reagenzglas oder kleiner Kolben mit Stopfen und Glasrohr)

So wird es gemacht:
Die obere Flasche wird mit einem Glasrohr mit der unteren verbunden - unten ragt das Glasrohr bis fast zum Boden der Flasche, oben gerade ein kleines Stück aus dem Stopfen. Aus dem Stopfen der unteren Flasche ragt zusätzlich ein Winkelrohr.

Durch die zweite Bohrung des Gummistopfens der oberen Flasche schiebt man ein langes U-förmiges Glasrohr, das ganz in die obere Flasche ragen soll. Am kleinen Winkelrohr fixiert man zusätzlich ein Schlauchstück mit Schlauchklemme. Vor dem fixen Zusammenbau füllt man die untere Flasche mit Wasser. Es dürfen beim Aufsetzen des Stopfens keine Luftblasen in der unteren Flasche entstehen.

Um den Gasometer zu füllen, verbindet man das freie Schlauchstück mit dem Gasentwickler und öffnet den Quetschhahn. Das Gas drückt das Wasser aus der unteren Flasche durch das Steigrohr nach oben. Die Luft aus der oberen Flasche kann durch das lange U-Rohr entweichen. Ist die obere Flasche mit Wasser gefüllt, unterbricht man die Gasentwicklung.

Benötigt man für einen Versuch Gase, z. B. für einen kontinuierlichen Gasstrom, öffnet man leicht den Quetschhahn und entnimmt das unter Druck stehende Gas.

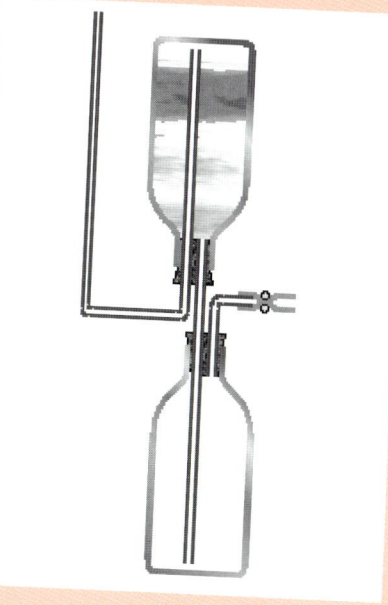

◆ *Wer drückt denn da?* ◆

Das ist noch wichtig:

- Für die Apparatur können natürlich auch andere Flaschen verwendet werden. Zu beachten ist allerdings, daß Glasflaschen ziemlich schwer sind und besonders gut fixiert werden sollten.
- Die Glasröhren kann man leicht selber biegen. Man trennt mit der Ampullenfeile Stücke in entsprechender Länge ab und biegt sie in der rauschenden Brennerflamme. Die Länge der Glasröhren hängt von der Größe der verwendeten Flaschen ab.
- Auch die zwei Bohrungen in den zwei Gummistopfen kann man selber bohren. Dazu benetzt man den frisch geschärften Stopfenbohrer leicht mit Glycerin und bohrt von der Stopfenschmalseite aus die Löcher. Die Stopfen legt man dazu auf ein Holzbrettchen. Zum Bohren sollte man beim Drehen immer einen ziemlich starken Druck anwenden - Vorsicht: Verletzungsgefahr!
- Der Gasentwickler ist leichter zu handhaben, wenn man statt des Quetschhahnes einen Glashahn verwendet.
- Der Gasometer kann entweder im Stativ fixiert werden oder fix an einem Holzbrett mit Holzsteher montiert werden.
- Zur Gasherstellung gibt man die zur Herstellung notwendigen Chemikalien in ein Reagenzglas mit Gummistopfen und Glasrohr und verbindet direkt mit dem Gasometer. Der Kippsche Apparat ist zum Füllen des Gasometers ungeeignet - der entstehende Gasdruck reicht nicht aus, um das Wasser in die Flasche zu drücken.
- Der Gasentwickler kann z. B. mit Wasserstoffgas (aus Zink und Salzsäure) mit Sauerstoff (aus Braunstein und Wasserstoffperoxid) oder mit Kohlendioxid (aus Marmorstückchen und Salzsäure) gefüllt werden. Zu beachten ist, daß sich die Gase teilweise in der Sperrflüssigkeit lösen können.
- Füllt man die Apparatur z. B. mit Wasserstoff, dann hat das Gas im Gasometer den Vorteil, frei von Säurenebeln zu sein, die im üblichen Gasentwickler leicht mitgerissen werden können. Füllt man z. B. Seifenblasen mit Wasserstoff stören Säuredämpfe, weil die Blasen leicht zerplatzen.

Die Raketenbasis
(Durch Luftdruck angetriebene Flugkörper)

Das wird gebraucht:

Blasröhrchen mit gefärbten Kügelchen, Luftdruckrakete, Wasserrakete, Pusterakete (Kunststoffrohr, Zeitungspapier, rotes und grünes Naturpapier, Klebstoff, Klebestreifchen, Schere, Bleistift)

So wird es gemacht:

a) Bauanleitung für die „Pusterakete": Über ein Kunststoffrohr wickelt man die Hälfte einer Doppelseite einer Zeitung der Länge nach auf und fixiert mit einem Klebestreifen. Über das Zeitungspapier rollt man ein Stück stärkeres Naturpapier und klebt es der Länge nach zusammen. Nach dem Trocknen des Klebers zieht man die Rolle ab. Auf eine Seite des Rohres klebt man einen Kartonkegel als Raketenspitze und an das andere Ende Kartonflügel als Leitwerk. Das Zeitungspapier wird vom Kunststoffrohr abgelöst. Steckt man die Pusterakete auf das Kunststoffrohr und bläst in dieses kräftig hinein, fliegt die Rakete mehrere Meter. Die anderen Flugkörper sind fertig gekauft.

b) Die Luftdruckrakete besteht aus einem Kunststoffraketenkörper, einem Abschußrohr und einem kleinen Kunststoffgefäß. Steckt man die Rakete auf das Rohr und schlägt mit der Faust auf das luftgefüllte Gefäß, wird die Rakete weggeschleudert.

c) Beim Blaserohr verwendet man als Geschoße kleine bunte Kügelchen. Bläst man in das geladene Rohr, fliegen die Kügelchen in hohem Bogen aus dem Rohr.

d) Die Wasserrakete funktioniert durch starken Luftüberdruck. In den Kunststoffraketenkörper wird etwas Wasser eingefüllt. Die Rakete wird an einer kleinen Luftpumpe mit einer Steckvorrichtung fixiert und „aufgepumpt". Die zusammengepreßte Luft drückt beim Öffnen der Halterung das Wasser mit großer Kraft aus der Raketendüse. Die Rakete fliegt viele Meter weit. Wird der Abschuß im Freien durchgeführt, kann man die Rakete auch senkrecht starten lassen.

In allen vier Fällen werden die Flugkörper durch Luftüberdruck beschleunigt.

Das ist noch wichtig:

◆ Zwei der beschriebenen Flugkörper sind im guten Spielzeughandel erhältlich. Bei der Luftdruckrakete handelt es sich um ein Gimmick. Die Luftdruckrakete kann bei einigem Geschick aus einem Infusionsbeutel als Druckgefäß und einfachen Materialien selbst hergestellt werden.
◆ Die größten Schußweiten erzielt man bei einem Abschußwinkel von 45 Grad. Die größte Schußhöhe bei 90 Grad.
◆ Bei der Verwendung der Wasserrakete sollte man die Düsenöffnung zur Seite halten, um sich nicht allzu naß zu machen.

◆ *Wer drückt denn da?* ◆

Die Balken der Luft

Luftbewegung, Fliegen

Das Fahnenknattern 113
Reine Gefühlssache 113
Ballgefühl 114
Nicht nur für Jahrmärkte 115
Der Doppelball 116
Der Flügel im Schnitt 116
Das Helikopterprinzip 117
Der Fallschirmjäger 118
Es war einmal ein Bumerang 119
Die Flamme im Visier 120
Der Kerzenlöscher 120
Das Luftkissenfahrzeug 121

Das Fahnenknattern
(Unterdruck durch Strömung)

Das wird gebraucht:
2 Trinkhalme, Schreibpapier, Schere, Klebestreifchen

So wird es gemacht:
Von einem Bogen Schreibpapier schneidet man in Längsrichtung zwei gleichbreite Streifchen (ca. 6 cm) ab. Die Papierstreifen klebt man mit Klebeband an zwei Trinkhalmen, die als Halterung dienen, an.
Bläst man zwischen den Streifen durch, so streben diese aufeinander zu.
Durch die starke Strömungsgeschwindigkeit zwischen den Papierstreifen entsteht ein Druckabfall, und die Streifen werden gegeneinander gedrückt.

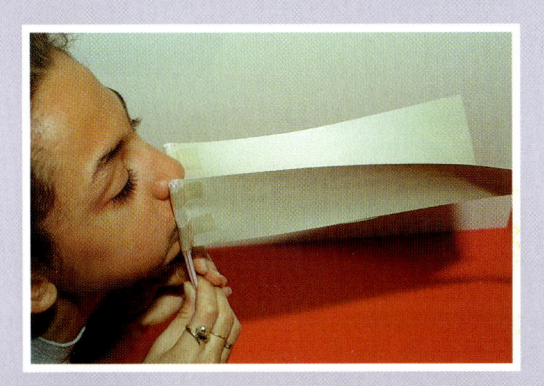

Das ist noch wichtig:
◆ Mit kleinen Klebestreifchenstücken sollte man die „Fahnen am Mast" noch gegen Verrutschen sichern.
◆ Beim Dazwischenblasen entsteht ein knatterndes Geräusch.
◆ Der Physiker bezeichnet diesen Vorgang als Aerodynamisches Paradoxon.

Reine Gefühlssache
(Unterdruck durch Luftströmung)

Das wird gebraucht:
Zwei Tischtennisbälle, Wollfäden, Klebeband, Trinkhalm mit Knie, Schere, ev. Stativ

So wird es gemacht:
Zwei Tischtennisbälle werden mit Klebestreifchen an Wollfäden festgeklebt. Man hängt die Bälle in gleicher Höhe nebeneinander in einem Abstand von ca. 4 cm auf. Nun bläst man durch einen im Knie abgebogenen Trinkhalm zwischen die Bälle. Die Tischtennisbälle streben aufeinander zu.
Durch die beschleunigte Luftströmung an der Innenseite der Bälle entsteht ein Unterdruck.

◆ *Die Balken der Luft* ◆

Das ist noch wichtig:
- Es kann sein, daß der Versuch nicht auf Anhieb gelingt. Folgendes ist zu beachten: die Ausblasöffnung des Halmes muß genau in der Mitte zwischen den beiden Bällen liegen und darf nicht zu nahe und auch nicht zu weit weg sein. Ein Abstand von 10 bis 15 cm ist günstig. Auch sollte man zügig in den Halm blasen. Durch Ausprobieren gelangt man schnell zur richtigen Blasetechnik.
- Der Versuch kann zu Hause natürlich auch ohne Stativ ausprobiert werden. Dazu klebt man die beiden Fäden mit Klebeband z. B. an eine Dunstabzugshaube oder Hängekästchen in der Küche.
- Besonders nett sieht der Versuch aus, wenn man verschiedenfärbige Bälle verwendet.

Ballgefühl
(Schwebender Ball durch Unterdruck)

Das wird gebraucht:
Blasrohrpfeife, Blasrohr mit Polystyrolball, Trinkhalm mit Knie, Tischtennisball

So wird es gemacht:
Die am Foto abgebildete grüne Blasrohrpfeife hat einen abnehmbaren kleinen Fangkorb; im Inneren befindet sich der Ball. Man nimmt den Ball heraus, verschließt die Pfeife und legt den Ball in das Fangkörbchen. Bläst man nun stetig in die Pfeife, schwebt der Ball über dem Körbchen. Ebenso funktioniert die Pfeife mit einem Styroporball.
Hat man keine gekauften Ballpfeifen zur Verfügung, kann der Versuch auch auf folgende Art durchgeführt werden. Man knickt einen Trinkhalm am Biegeknie um 90 Grad, hält einen Tischtennisball über die Halmöffnung und bläst fest hinein. Der Ball schwebt über der Halmöffnung.
Der im Luftstrom entstehende Unterdruck hält den Ball fest.

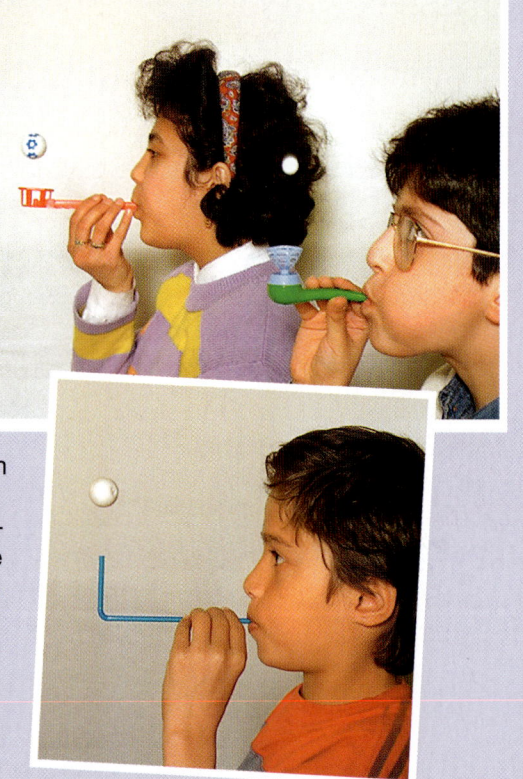

◆ Experimente mit Spaß ◆

Das ist noch wichtig:

- Die für den Versuch verwendeten Ballpfeifen sind auf Jahrmärkten bzw. in Spielzuggeschäften erhältlich.
- Bei der Verwendung der Halmpfeife gehört zum Schwebenlassen des Balls einige Übung. Wichtig ist, daß der gebogene Halmteil senkrecht nach oben zeigt. Kräftiges Blasen und ein stetiger Luftstrom sind notwendig. Der Ball schwebt auch nur wenige Millimeter über der Halmöffnung.
- Viel leichter als einen Tischtennisball kann man mit einem gebogenen Strohhalm eine kleine Styroporkugel (Durchmesser ca. 3 cm) schweben lassen. Auch erreicht man damit Höhen von mehreren Zentimetern über der Halmöffnung.
- Verwendet man mehrere Bälle und Halme, kann ein kleiner „Lasse den Ball schweben" - Wettbewerb durchgeführt werden. Bei wem schwebt der Ball am längsten?

Nicht nur für Jahrmärkte
(Der Unterdruck hält den Ball)

Das wird gebraucht:
Fön, Stativ und Stativmaterial, Tischtennisball

So wird es gemacht:
Ein Fön wird mit der Auslaßöffnung nach oben im Stativ eingespannt oder einfach gehalten. Man schaltet den Fön ein und hält einen Tischtennisball in den Luftstrom.
Der Ball schwebt über dem Fön.
Die Stromlinien der bewegten Luft werden durch den Ball zusammengedrückt; dadurch entsteht ein Unterdruck, der den Ball festhält.

Das ist noch wichtig:

- Hält man den Fön in der Hand, kann dieser auch ein wenig geneigt werden, ohne daß der Ball herunterfällt.
- Die Entfernung des schwebenden Balles hängt von der Stärke des Luftstromes ab. Verschiedene Leistungsstufen können ausprobiert werden.
- Auf Jahrmärkten findet man in der Luft schwebende Bälle manchmal bei Schießständen.

Die Balken der Luft

Der Doppelball
(Der Unterdruck hält zwei Bälle)

Das wird gebraucht:
Fön, Stativ und Stativmaterial, 2 verschieden schwere Tischtennisbälle

So wird es gemacht:
Der Fön wird mit der Auslaßöffnung nach oben fix im Stativ montiert; die stärkste Gebläsestufe wird eingeschaltet. Erst hält man den leichteren Ball in den Luftstrom und wartet, bis er auf einer bestimmten Höhe schwebt. Nun hält man den etwas schwereren Ball in den Luftstrom.
Auch der zweite Ball schwebt einige Zeit. Je nach Luftströmung, Gebläsestärke und Massendifferenz der beiden Bälle schweben diese mehr oder weniger lang gemeinsam. Manchmal stoßen die Bälle auch zusammen und können dabei aus dem Luftstrom geworfen werden.
Der durch die Bälle verursachte Unterdruck hält diese im Luftstrom fest.

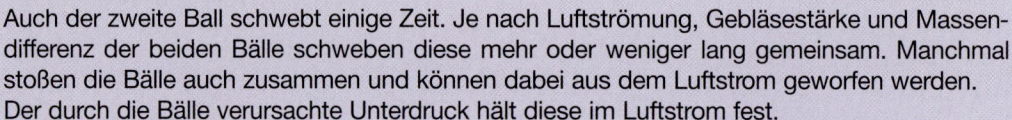

Das ist noch wichtig:
- Durch die Verwendung verschieden schwerer Bälle erreicht man einen kleinen Abstand, der verhindert, daß sich die Bälle gegenseitig sofort aus dem Luftstrom stoßen.
- Die Platzierung des zweiten Balles im Luftstrom gelingt nicht immer gleich. Öfter probieren. Beim abgebildeten Versuch betrug die Verweildauer der beiden Bälle im Luftstrom bis zu 10 Sekunden.
- Um die beiden Bälle voneinander unterscheiden zu können, sollten sie verschiedene Farben besitzen.

Der Flügel im Schnitt
(Tragflächenmodell)

Das wird gebraucht:
dünnes Zeichenpapier, Geodreieck, Bleistift, Klebstoff, Schere, Trinkhalm, dünner Faden, Fön, ev. Stativ und Stativmaterial

So wird es gemacht:
Ein ca. 5 cm breiter und 30 cm langer Papierstreifen wird ausgeschnitten und an den beiden Enden zusammengeklebt. In die Mitte des Tragflügelmodells bohrt man zwei Löcher und steckt ein abgeschnittenes Stück eines Trinkhalmes durch.
Der Halm wird an beiden Enden mit Klebstoff fixiert. Durch den Halm zieht man die dünne Schnur, die senkrecht gespannt wird (die Schnur wird entweder gehalten oder befestigt).
Mit einem Fön bläst man auf das gebogene Tragflügelende. Das Tragflügelmodell rutscht nicht mehr an der Schnur hinunter, sondern bleibt in Schwebe.
Der Luftstrom des Föns teilt sich. Die über dem Tragflügel strömende Luft hat bei dem entsprechenden Anblasewinkel eine größere Geschwindigkeit als darunter. Die dadurch entstehende Druckdifferenz hält den Flügel. Diesen Effekt nennt man den aerodynamischen Auftrieb.

◆ Experimente mit Spaß ◆

Das ist noch wichtig:

◆ Für diesen Versuch kann der Fön auch in einem Stativ fixiert werden.
◆ Verschiedene Leistungstufen und Anblaswinkel können ausprobiert werden. Auch den Abstand des Föns vom Tragflügel kann man ändern. Bis zu welchem Abstand hält der Flügel?
◆ Statt mit dem Fön kann man auch versuchen, mit dem Mund zu blasen.

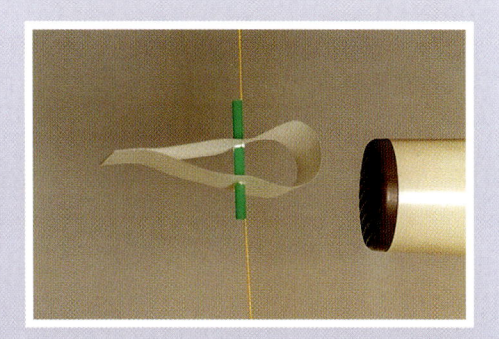

Das Helikopterprinzip
(Auftrieb durch Rotorblätter)

Das wird gebraucht:
Spielzeugpropeller, Minihubschrauber, Trudelrad (Papier, Schere)

So wird es gemacht:
Der Spielzeugpropeller wird zwischen den Handflächen gegen die Uhrzeigerrichtung schnell gedreht. Der Propeller bewegt sich senkrecht nach oben und kann im Freien eine beachtliche Steighöhe erreichen.
Der Minihubschrauber verfügt über eine Abschußvorrichtung mit Rückholautomatik. Man setzt das Rotorblatt auf die Halterung und zieht kräftig an der Schnur. Das Rotorblatt löst sich und steigt nach oben. Wird der Versuch in geschlossenen Räumen durchgeführt, bleibt der Rotor einige Zeit an der Decke und dreht sich dort weiter.
Das Trudelrad ist ein einfaches Papierspielzeug, welches beim Herabfallen eine Rotationsbewegung längs der Symmetrieachse annimmt. Die Vorrichtung besteht aus einem einfachen Papierstreifen ca. 30 cm lang und 4 cm breit, der ca. 4 cm von beiden Enden entfernt so eingeschnitten wird, daß man den Streifen in Fischform zusammenstecken kann.
Bewegen sich die Rotorblätter eines Hubschraubers mit einem bestimmten Anstellwinkel um eine senkrechte Achse, entsteht eine Kraft senkrecht nach oben.

Das ist noch wichtig:
◆ Helikopter ist der griechische Name für Hubschrauber.
◆ Das Helikopterprinzip kann auch in der Natur bei Flugsamen beobachtet werden. Die Samen von Ahornbäumen zeigen beim Abfallen von den Bäumen einen hubschrauberartigen Bewegungsablauf.
◆ Die beiden beschriebenen Hubschrauberspielzeuge sind im guten Spielzeughandel billig erhältlich.

◆ Die Balken der Luft ◆

Fallschirmjäger
(Luftwiderstand eines Fallschirms)

Das wird gebraucht:
Spielzeugfallschirm oder Stofftaschentuch, Schnur, Schere, schwerer Gegenstand

So wird es gemacht:
Der Kunststoffschirm des Spielzeugfallschirmes wird zusammengefaltet; man wickelt die Schnur mit dem Fallschirmspringer um den gefalteten Schirm und wirft diesen in die Höhe.
Die Schnur wickelt sich ab und der Fallschirm entfaltet sich. Der „Soldat" segelt langsam zu Boden.
Der aufgefaltete Fallschirm hat einen großen Luftwiderstand und vermindert die Fallgeschwindigkeit.

Das ist noch wichtig:
◆ Wie bei einem echten Fallschirm fällt der Körper ein kleines Stück fast ungebremst und wird erst beim Entfalten des Schirmes langsamer (beim echten Fallschirm wird eine Reißleine gezogen).
◆ Statt des gekauften Fallschirmes kann ein ähnliches Modell leicht selbst verfertigt werden. Man knüpft an die vier Enden eines Stofftaschentuches Schnüre und verknotet diese in einiger Entfernung über dem Schnittpunkt der gedachten Diagonalen des quadratischen Tuches. Als Fallschirmjäger kann man z. B. eine kleine Spielzeugfigur oder auch nur eine große Schraubenmutter verwenden.
◆ Besonders eindrucksvoll ist es, wenn man den Versuch im Freien durchführt. Es ist mehr Platz zum Hochwerfen. Außerdem ist es auch möglich, den Fallschirmspringer von oben (Brücke, Turm, Hochsitz usw.) hinuntergleiten zu lassen.

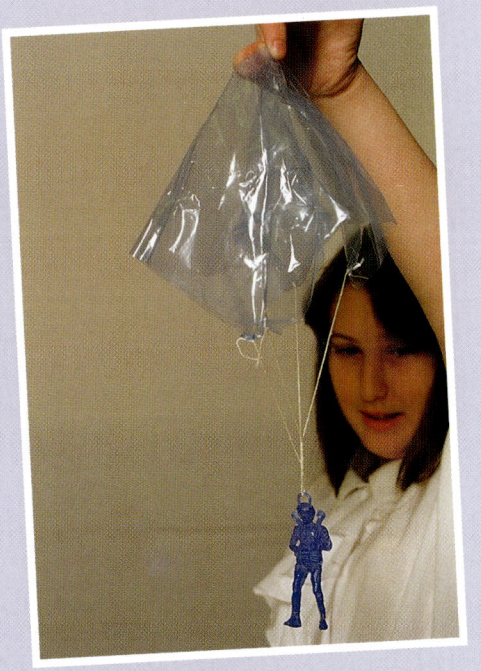

Es war einmal ein Bumerang
(Bumerang als Luftschraube)

Das wird gebraucht:
Bumerang

So wird es gemacht:
Der Bumerang wird mit dem längeren Schenkel gehalten und mit weitausholender Armbewegung schräg nach oben geworfen.
Der Bumerang steigt auf und kommt in einem weiten Bogen wieder zurück.
Durch Kreiselwirkung wird der Bumerang auf seiner Flugbahn stabilisiert.

Das ist noch wichtig:
- Die Handhabung des Bumerangs ist ziemlich gefährlich. Die guten käuflichen Holzbumerangs kommen wirklich wieder zurück, wenn sie richtig geworfen werden. Wird man von einem Bumerang am Kopf getroffen, kann das zu schweren Verletzungen führen. Ev. zum Üben einen Motorradsturzhelm tragen!
Zum Werfen sucht man eine sehr große Wiese, auf der keine Personen sind. Auch ist es günstig, beim Werfen alleine zu sein. Notfalls kann man sich zu Boden werfen, wenn der Bumerang auf einen zukommt und man diesen nicht fangen kann oder will.
- Das Werfen ist nicht allzu schwierig. Man wirft den Bumerang mit einer ähnlichen Bewegung wie die Armbewegung beim Holzhacken.
Zum Fangen gehört viel Übung. Ev. Handschuhe tragen!
- Der Bumerang stammt ursprünglich aus Australien und wird als Sport- und Jagdgerät verwendet.
- Einen bumerangähnlichen ungefährlichen Flugkörper kann man aus Karton folgendermaßen herstellen: aus einem dünnen quadratförmigen Karton von 7 cm Seitenlänge schneidet man ein Kreuz von 1 cm Balkenstärke. Die beiden Kreuzflügel werden der Länge nach leicht geknickt. Legt man den Kreuzbumerang auf die Fingerkuppen der linken Hand und schnippt ihn mit einem Finger der rechten Hand weg, kommt das Kartonkreuz in einem leichten Bogen wieder zurück.
- Über die Verwendung von Bumerangs hat schon Joachim Ringelnatz ein Gedicht geschrieben: „Bumerang

*War einmal ein Bumerang;
War ein Weniges zu lang.
Bumerang flog ein Stück,
Aber kam nicht mehr zurück.
Publikum - noch stundenlang
Wartete auf Bumerang."*

Die Flamme im Visier
(Abschwächung einer Luftströmung)

Das wird gebraucht:
Kerze, großer Kunststofftrichter

So wird es gemacht:
Man entzündet eine Kerze und bläst durch den Trichter in die Kerzenflamme. Die Kerze beginnt nur zu flackern und erlischt nicht.
Aufgrund der großen Trichteröffnung wird der anfangs starke Luftstrom so sehr geschwächt, daß er nicht mehr ausreicht, die Flamme zum Erlöschen zu bringen.

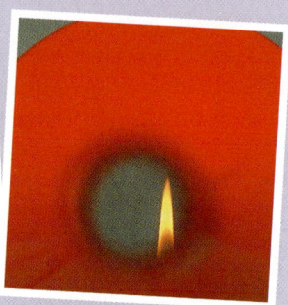

Das ist noch wichtig:
◆ Der Abstand der Kerze vom Trichterrand sollte etwa 10 cm betragen. Ist man sehr nahe an der Flamme und bläst sehr stark, kann es manchmal gelingen, diese auszublasen.

Der Kerzenlöscher
(Luftwirbel bringen eine Kerze zum Erlöschen)

Das wird gebraucht:
Blechdose, Nagel, Hammer, Einsiedepapier oder Gummimembrane (Luftballon), Schere, Gummiring, Kerze

So wird es gemacht:
In eine leere, an einer Seite offene Konservendose wird in den Dosenboden ein kleines Loch gebohrt. Gut gelingt das, wenn man einen Nagel ansetzt und mit dem Hammer kurz auf den Nagelkopf schlägt. Über die offene Dosenseite spannt man eine Einsiedefolie oder ein Stück zugeschnittene Ballonhaut. Fixiert wird mit einem Gummiring.
Man richtet die Dosenöffnung auf die Flamme einer brennenden Kerze und schlägt leicht auf die Folienmembrane. Verwendet man die Ballonhaut, zupft man nur kurz in der Mitte und läßt dann los. Die Kerzenflamme erlischt durch den Luftwirbel.
Beim Schlag auf die Membrane entsteht an der Öffnung ein verwirbelter Luftstrom in Form eines Ringes.

Das ist noch wichtig:

◆ Die entstehenden Luftwirbel können sichtbar gemacht werden, wenn man die Blechdose mit Rauch (z. B. Zigarettenrauch) füllt, sie schnell mit der Gummihaut verschließt und durch Schlagen auf die Membrane Rauchringe erzeugt.

◆ Verwendet man zum Verschließen der Dose Einsiedefolie, muß diese vor dem Bespannen feucht gemacht werden. Man strafft mit dem Gummiring und läßt die Folie trocknen. Wie beim Verschließen von Marmeladegläsern entsteht eine gespannte Membrane.

Das Luftkissenfahrzeug
(Herabsetzung der Reibung durch Luftpolster)

Das wird gebraucht:
Kunststoffscheibe mit Ansatz, Luftballon

So wird es gemacht:
Ein Luftballon wird aufgeblasen und durch Abdrehen verschlossen. Man steckt den Ballon auf den Ansatz, legt die Scheibe auf eine glatte Unterlage und öffnet den Ballonauslaß.
Die Scheibe beginnt über der glatten Unterlage zu „schweben". Bläst man den Ballon leicht an, berührt ihn mit der Hand oder neigt die Unterlage, bewegt sich die Scheibe mit dem Ballon. Ist die gesamte Luft aus dem Ballon entwichen, bleibt die Scheibe plötzlich ganz unerwartet stehen.
Zwischen Unterlage und Kunststoffscheibe entsteht ein Luftpolster, der die Reibung stark vermindert.

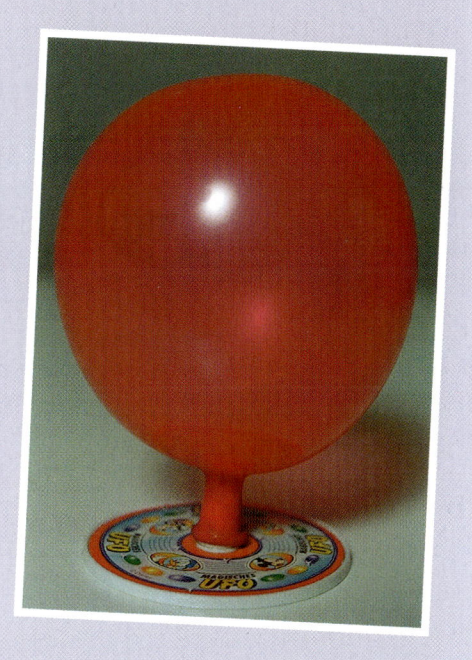

Das ist noch wichtig:

◆ Das abgebildete „Luftkissenfahrzeug" ist ein leicht modifizierter Gimmick. Als Ballonaufsteckring wurde ein Stück Kunststoffrohr verwendet, das mit Hartkleber befestigt wurde.
◆ Das „Luftkissenfahrzeug" kann auch selbst gebastelt werden.
Dazu sägt man aus einer Kunststoffplatte eine Kreisscheibe aus und bohrt im Mittelpunkt ein kleines Loch (nicht viel größer als der Durchmesser einer Nadel). Wie schon beschrieben, befestigt man einen Kunststoffring für den Ballon.
◆ Die Unterlage muß wirklich vollkommen glatt sein, sonst gelingt der Versuch nicht. Gut geeignet sind beschichtete Spanplatten.

◆ Die Balken der Luft ◆

Mach 1

Akustik - Schallentstehung
Schallübertragung
Schallphänomene

Spielmusik 125
Fast eine Stimmgabel 125
Der tönende Ballon 126
Der griechische Waldteufel 126
Das Flaschenklavier 127
Papierpfeiferln 128
Beans for Charlie Watts 129
Der Fensterschreck 130
Von Dose zu Dose 130
Der tanzende Reis 131
Der klingende Bügel 132
Wie die Indianer 132
Das Hörrohr 133
Der Lauscher an der Wand 134
Schellacks 134
Gut gekapselt 135
Das Schirmtelefon 136
Die kreisende Pfeife 137
Die Dachsirene 138
Die Lebenspumpe 139

Spielmusik
(Anwendung verschiedener akustischer Spiele)

Das wird gebraucht:
akustische Spielzeuge

So wird es gemacht:
Die Lautstärke, die Tonhöhe und der Klang verschiedener „Musikinstrumente" werden verglichen. Auf der Abbildung sind die folgenden Spiele zu sehen: Trillerpfeife, Pfeife aus gebranntem Ton, tönende Glückwunschkarte, Osterratsche, Blaseröhrchen, Sirene, Kindertrompete, Taschenpiano, Spieldose, Holzpfeifchen, Wummerrohr

Das ist noch wichtig:
◆ Beim Vergleich verschiedener Akustikspiele können verschiedene akustische Phänomene festgestellt werden.
◆ Die abgebildeten Spiele können in Spielzeuggeschäften und auf Jahrmärkten erworben werden.

Fast eine Stimmgabel
(Schallschwingungen durch eine Gabel)

Das wird gebraucht:
Gabel, Tisch

So wird es gemacht:
Eine normale Metallgabel aus dem Haushalt wird weit am unteren Griffende gehalten und an einer Tischkante fest angeschlagen. Nun hält man das Gabelende leicht auf die Tischplatte.
Ein stimmgabelähnliches Geräusch ist hörbar. Durch das Anschlagen beginnen die Gabelzinken zu schwingen; durch die Tischplatte werden die Schwingungen verstärkt (Resonanzkörper).

Das ist noch wichtig:
◆ Es kann sein, daß der Versuch nicht sofort gelingt. Man probiert verschiedene Gabeln.
◆ Es ist günstig, wenn bei diesem Versuch absolute Stille im Raum herrscht.

◆ Mach 1 ◆

Der tönende Ballon
(Schallschwingungen)

Das wird gebraucht:
Luftballon, Joghurtbecher, Schere, Münze, Bleistift

So wird es gemacht:
Der Boden eines Joghurtbechers wird ausgeschnitten. Auf die Kreisscheibe legt man eine Münze (z. B. 1 S - Stück), zeichnet mit einem Bleistift die münzgroße Kreislinie auf und schneidet die Kreisscheibe aus.

Die Kunststoffkreisscheibe steckt man in die Öffnung eines Luftballons. Der Ballon wird aufgeblasen und in die Luft geworfen.

Der Ballon zieht in der Luft Schleifen und gibt dabei ein pfeifendes Geräusch ab.

Durch die ausströmende Luft wird der Ballon in Bewegung gesetzt (Rückstoß) und die Kunststoffscheibe in Schwingung versetzt.

Das ist noch wichtig:
◆ Die Größe der Scheibe muß zur Ballonöffnung passen. Beim Einfügen muß sie gerade so fest sitzen, daß sie beim Versuch nicht herausgeschleudert wird.
◆ Der Versuch kann mit dem so präparierten Ballon öfter durchgeführt werden; zum Aufblasen muß die Kunststoffscheibe nicht entfernt werden.

Der griechische Waldteufel
(Verstärkung von Schwingungen durch einen Hohlzylinder)

Das wird gebraucht:
Konservendose, Stichling, feste Schnur, Schere, Zündholz, Isolierband, Rundholz

So wird es gemacht:
In den Boden einer offenen Konservendose bohrt man mit einem Stichling ein kleines Loch. Durch das Loch zieht man eine Schnur und knüpft im Inneren der Dose ein Zündhölzchen fest, um die Schnur zu fixieren. Das Ende eines Rundholzes wird fest mit Isolierband umwickelt. Im Abstand von einigen Zentimetern knüpft man zwei feste Schnurringe über das Isolierband. Das Ende der Schnur von der Dose wird mit einer Schleife gut beweglich zwischen den beiden Schnurringen um den Stab geknüpft.

Läßt man die Dose in der Luft um den Holzstab kreisen, entsteht ein lautes brummendes Geräusch.

Der Faden wird am Holzstab in Schwingung versetzt; der Hohlraum des Zylinders verstärkt den Ton.

◆ *Experimente mit Spaß* ◆

Das ist noch wichtig:

◆ Um zu verhindern, daß sich der Zylinder beim Drehen vom Holzstab löst, darf man auf die beiden Schnurringe, die als Führung dienen, nicht verzichten.
◆ Es genügt nicht, die Schnur nur um den Holzstab zu knüpfen; durch das Isolierband entsteht gerade der richtige Reibungswiderstand. Durch leichtes Schräghalten des Stabes gegen die Schwingungsebene der Dose kann die Reibung noch verstärkt werden, und der Ton wird lauter.
◆ Der Metallrand auf der offenen Dosenseite muß vollständig entfernt werden - Verletzungsgefahr.
◆ Je schneller der „Waldteufel" gedreht wird, desto höher ist der Ton.
◆ Auf Jahrmärkten werden solche „Waldteufel" immer wieder zum Verkauf angeboten. Das abgebildete Spielzeug stammt aus Griechenland.

Das Flaschenklavier
(Schwingende Wassersäulen)

Das wird gebraucht:
Glasflaschen (z. B. 1 l), Permanentschreiber, Kochlöffel, Eingießgefäß (Küchenmeßbecher oder Becherglas), ev. Lebensmittelfarben

So wird es gemacht:
In die Flaschen wird durch Ausprobieren gerade soviel Wasser gefüllt, daß beim Anschlagen mit dem Löffel möglichst Ganztonschritte erzielt werden. Je geringer die Füllhöhe, desto höher der durch Schwingung erzeugte Ton.

Das ist noch wichtig:

◆ Das Wasser in den Flaschen kann mit Lebensmittelfarbe gefärbt werden - jeder Ton entspricht dann einer bestimmten Farbe.
◆ Nach dem „Stimmen" kann die Füllhöhe mit einem Permanentschreiber für spätere Versuche markiert werden.
◆ Dieser Versuch kann auch gut mit Trinkgläsern durchgeführt werden.
◆ Möchte man die ganze Tonleiter spielen, benötigt man acht Flaschen für eine Oktave. Günstig ist es, die einzelnen Töne auf einem Musikinstrument vorzuspielen. Auf dem „Flaschenklavier" kann eine Melodie gespielt werden.
◆ Erzeugt man die Töne bei den Flaschen nicht durch Anschlagen, sondern durch Hineinblasen in die Flaschenöffnungen, muß man beachten, daß die schwingenden Luftsäulen die Töne in genau umgekehrter Reihenfolge erzeugen; je mehr Wasser in der Flasche, desto höher der Ton.

Papierpfeiferln
(Schallschwingungen)

Das wird gebraucht:
Schreibpapier, Schere, Klebeband, Bleistift, Geodreieck

So wird es gemacht:
a) Aus Schreibpapier wird ein Papierquadrat mit ca. 8 cm Seitenlänge ausgeschnitten. Erst faltet man das Papier in der Mitte. Dann faltet man die beiden Papierenden zum Mittelfalz zurück, sodaß eine Art „T" entsteht. In den zusammengelegten Teil schneidet man mit der Schere ein oder zwei dreieckige Löcher. Man hält die Faltpfeife mit Mittelfinger und Zeigefinger an die Lippen und bläst hinein.
Es entsteht ein lautes durchdringendes Geräusch.
Die Luft wird zwischen den Papierblättern durch den Luftdruck in Schwingung versetzt.

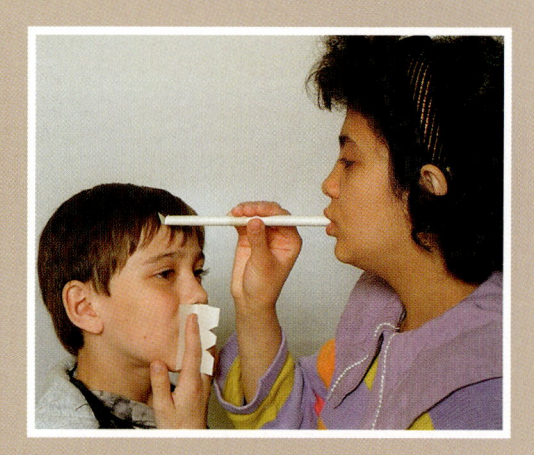

b) Ein Bogen Schreibpapier wird der Diagonale nach locker über einen Bleistift oder ein Rundholz gewickelt und mit einem Klebestreifchen zusammengeklebt. Der entstehende Spitz wird mit der Schere so an beiden Seiten eingeschnitten, daß ein kleines Dreieck entsteht. Man knickt das Dreieck so, daß vor der Rohröffnung eine Art kleine bewegliche Klappe entsteht. Die andere Rohrseite schneidet man gerade ab.
Nun nimmt man das Rohr in den Mund und saugt daran. Bei einiger Übung entsteht ein brummendes Geräusch.
Die vibrierende Luftklappe erzeugt Luftschwingungen.

Das ist noch wichtig:
◆ Bei der Verwendung des Papierpfeiferls läßt man beim Hineinblasen einen kleinen Spalt und preßt die Luft mehr durch als sie zu blasen. Die Technik ist ähnlich wie beim Trompetespielen.
◆ Auch beim Saugrohr muß eine spezielle Technik angewendet werden. Der Luftstrom muß beim Saugen so dosiert werden, daß es wirklich zum Vibrieren der Klappe kommt. Bei zu starkem Saugen wird sie lediglich verschlossen, und es entsteht kein Geräusch.

Beans for Charlie Watts
(Minischlagzeug)

Das wird gebraucht:
Konservendose, Luftballon, Gummiringe, Schere, Zündholzschachtel

So wird es gemacht:
Die Einblasöffnung eines Luftballons wird mit der Schere abgeschnitten. Das Stück Ballonhaut wird über die offene Seite einer Konservendose gespannt und mit einem oder mehreren Gummiringen gut fixiert. In eine Zündholzschachtel steckt man links und rechts ein Zündholz. Die Zünder sollen ein Stück aus der Schachtel ragen. Mit mehreren Gummiringen wird die Schachtel an der Dose derart fixiert, daß sich die Schachtel auf gleicher Höhe befindet wie die Gummimembrane. Über die beiden Zündholzenden streift man einen kleinen Gummiring und steckt ein Zündholz dazwischen durch. Nun spannt man den Gummi, indem man das Zündholz mehrere Male dreht. Das Zündholzköpfchen soll nach dem Spannen auf der Gummimembrane zu liegen kommen.
Tupft man jetzt leicht auf das Zündholzende und läßt das Köpfchen auf den Gummi schnalzen, entsteht ein Trommelgeräusch.
Durch die kleinen Schläge auf die Gummihaut beginnt die Luft in der Dose zu schwingen.

Das ist noch wichtig:
◆ Die Gummihaut darf keine Falten werfen und muß wirklich fest gespannt werden.
◆ Die Zündholzschachtel fest mit Gummiringen verspannen; sie darf nicht verrutschen.
◆ Beim Verdrehen des Gummis muß das Zündholz genau in der Mitte liegen, da sich sonst das Hölzchen querstellt.
◆ Der Dosendeckel muß so entfernt werden, daß kein scharfer Rand entsteht. Einerseits besteht sonst Verletzungsgefahr und andererseits könnte die Gummihaut zerschnitten werden.
◆ Charlie Watts ist Drummer bei der Musikgruppe „Rolling Stones". Um für ein Konzert richtig zu Kräften zu kommen, ißt er gerne „Baked beans". Ihm würde das Minischlagzeug sicher Freude bereiten.

Quelle: Micky Maus Nr. 6/1993

Der Fensterschreck
(Akustikspielzeug)

Das wird gebraucht:
Metallscheiben aus Messing

So wird es gemacht:
Man legt die Spielzeugmetallscheiben auf einen kleinen Stoß und wirft sie kräftig auf den Fußboden.
Es ist ein Geräusch wie von zerbrechendem Glas zu hören. Die Metallscheiben schlagen aneinander und erzeugen hohe Schallschwingungen.

Das ist noch wichtig:
◆ Wichtig ist es, daß die Scheiben auf einen harten Boden geworfen werden; ideal ist ein Steinboden - vollkommen ungeeignet ist ein Teppichboden.
◆ Allenfalls können die Scheiben für diesen Versuch auch gegen eine Wand geworfen werden.
◆ Bei richtiger Anwendung dieses Scherzspielzeugs ist das entstehende Geräusch dem Klang einer zerbrechenden Fensterscheibe täuschend ähnlich. Sehr geeignet ist der Versuch für einen Aprilscherz.
◆ Die Scherzknaller sind im guten Spielzeughandel, besonders zur Faschingszeit erhältlich.
◆ Statt der Scherzknaller kann auch eine Blechdose mit kleinen Metallgegenständen verwendet werden. Die Klangechtheit muß aber ausprobiert werden.

Von Dose zu Dose
(Schallübertragung)

Das wird gebraucht:
2 Blech- oder Kunststoffgefäße (Dosen, Joghurtbecher usw.), Stichling, längerer Nylonfaden oder Schnur (ca. 10 bis 15 m lang), 2 Zündhölzer

So wird es gemacht:
In den Boden der beiden Gefäße bohrt man ein kleines Loch.
Durch die Öffnungen fädelt man die Nylonschnur und fixiert sie innen an einer kleinen Schlinge mit je einem Streichhölzchen.
Man geht nun soweit auseinander, bis die Schnur gut gespannt ist. Eine Person flüstert in die Dose; die zweite Person legt das Ohr an die Dose.
Die Schallwellen versetzen die Schnur in Schwingung.

◆ Experimente mit Spaß ◆

Das ist noch wichtig:

◆ Die übermittelten „Nachrichten" dürfen nicht so laut gesprochen werden, daß sie auch ohne Faden hörbar sind.
◆ Es ist darauf zu achten, daß die Schnur wirklich gut gespannt ist.
◆ Sehr gut gelingt der Versuch im Freien, wenn der Abstand zwischen den telefonierenden Personen so groß gewählt werden kann, daß das gesprochene Wort nicht mehr direkt verstanden wird.

Der tanzende Reis
(Luftschwingungen)

Das wird gebraucht:
Kassettenrecorder, Pfanne, Kochlöffel, Gurkenglas, Luftballon, Schere, Gummiring, Reis

So wird es gemacht:
Ein Luftballon wird in der Mitte durchgeschnitten und über ein offenes Gurkenglas gespannt; die Ballonhaut wird straff mit einem Gummiring fixiert. Auf die Ballonhaut legt man einige Reiskörner.
Neben dem Gurkenglas erzeugt man laute Geräusche. Man kann mit einem Kochlöffel fest auf eine Pfanne schlagen oder den Kassettenrecorder bzw. ein Radio laut aufdrehen.
In beiden Fällen beginnen die Reiskörner leicht zu hüpfen.
Die Schallwellen bringen das Glas und die darin befindliche Luft zum Schwingen. Dadurch werden auch die Membran und mit ihr die Reiskörner in Bewegung versetzt.

Das ist noch wichtig:
◆ Statt der Reiskörner kann auch Kristallzucker verwendet werden; die Zuckerkristalle sind etwas leichter und zeigen daher auch schwächere Schallwellen an.
◆ Diese Art der Schallwellenübertragung kann manchmal wahrgenommen werden, wenn bei laut aufgedrehtem Lautsprecher Gläser zu vibrieren beginnen.
◆ Eine sehr eindrucksvolle Schallverstärkung erreicht man, wenn man laut auf die Gummimembrane spricht oder singt.

Der klingende Bügel
(Übertragung akustischer Schwingungen)

Das wird gebraucht:
Metallkleiderbügel, Schnur, Schere

So wird es gemacht:
Zwei ca. 1 m lange Schnurstücke werden an die äußeren Enden eines Kleiderbügels geknüpft.
Nun hält man die beiden Schnüre an die Ohren und läßt den Bügel frei vor dem Körper hängen. Eine zweite Person schlägt mit einem festen Gegenstand (z. B. der Schere) gegen den Kleiderbügel.
Ein Geräusch wie bei einer Glocke ist von der Person, die den Bügel hält, zu vernehmen; meistens hört man auch ein deutliches Nachklingen.
Die durch das Anschlagen entstehenden Schwingungen des Metallbügels werden durch die Schnüre zu den Ohren übertragen.

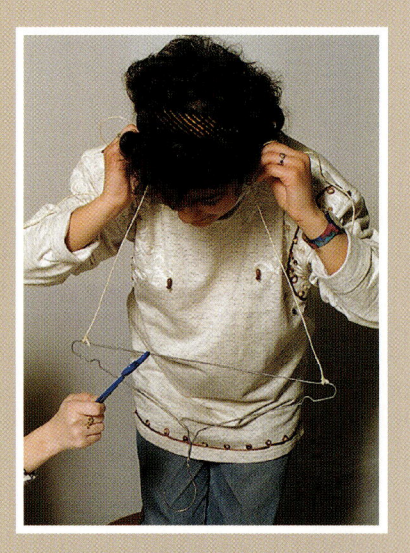

Das ist noch wichtig:
◆ Die beiden Schnüre sollen so an die Ohren gehalten werden, daß sie richtig in die Ohrmuscheln gedrückt werden.
◆ Statt den Bügel anzuschlagen, kann auch eine Person den Versuch alleine durchführen. Dazu stellt man sich zu einem Tisch und läßt den Bügel dagegen schwingen.

Wie die Indianer
(Schallübertragung in Festkörpern)

Das wird gebraucht:
Ein Stück Eisenbahnschiene (oder ein Tisch), Hammer

So wird es gemacht:
Eine Person legt ein Ohr auf die Schiene, eine zweite Person schlägt leicht mit dem Hammer auf das andere Schienenende. Die Versuchsperson hört ganz klar den Hammerschlag.
Durch das Schlagen entstehen im Metall Schwingungen, die fortgepflanzt werden.

◆ Experimente mit Spaß ◆

Das ist noch wichtig:
◆ Steht keine Eisenbahnschiene zur Verfügung, kann der Versuch auch auf einem Tisch oder einem sauberen Fußboden durchgeführt werden.
◆ Es ist davon abzuraten, den Versuch auf wirklichen Schienen am Bahnhofsgelände oder einer Bahnlinie durchzuführen.
◆ In Wild-Westfilmen wird oft gezeigt, wie Indianer durch Lauschen am Schienenstrang das Herannahen eines „Feuerrosses" feststellen können, noch lange bevor der Zug sichtbar ist.
◆ In dem Buch „Reise zum Mittelpunkt der Erde" beschreibt Jules Verne interessante akustische Erscheinungen, die durch Horchen an Felswänden festzustellen sind.

Das Hörrohr
(Schallübertragung)

Das wird gebraucht:
Pappendeckelrolle, Uhr

So wird es gemacht:
Man legt eine Öffnung einer Pappendeckelrolle an eine Uhr und horcht an der anderen Seite.
Das Ticken der Uhr ist deutlich zu hören. Die Schallwellen pflanzen sich im Rohr wie in einem Trichter fort.

Das ist noch wichtig:
◆ Für den Versuch nimmt man Pappendeckelröhren, wie sie zum Aufwickeln von Papierhandtuchrollen verwendet werden.
◆ Die Schallausbreitung ist so stark, daß man auch mehrere Röhren zusammenkleben und den Versuch so über eine größere Strecke durchführen kann.
◆ Vor der Versuchsdurchführung sollte man ausprobieren, ob bei der Uhr überhaupt deutliches Ticken zu hören ist. Ideal für den Versuch sind mechanische Aufziehuhren.

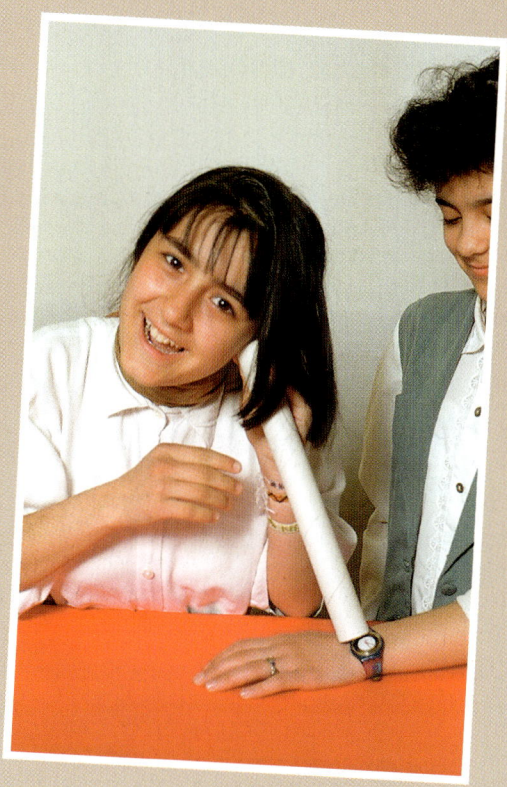

Der Lauscher an der Wand
(Übertragung von Schallschwingungen)

Das wird gebraucht:
Trinkglas

So wird es gemacht:
Man hält ein Trinkglas mit der Öffnung an eine Wand; das Ohr legt man an den Glasboden.
Wird auf der anderen Wandseite ein Geräusch verursacht, ist dieses mit dem Glas deutlich hörbar.
Die Luft im Trinkglas wird durch die Schwingungen der Wand ebenfalls in Schwingung versetzt; diese Schwingung überträgt sich auf den Glasboden.

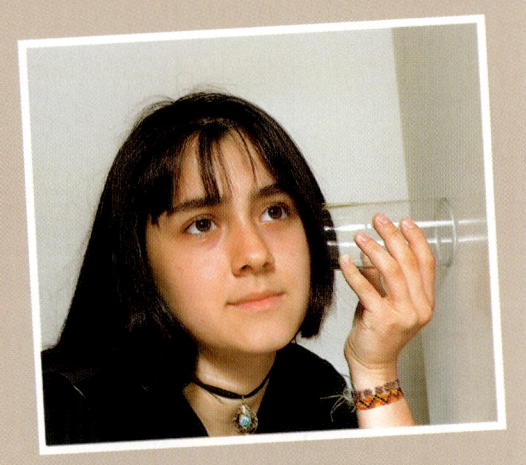

Das ist noch wichtig:
◆ Mit dieser kleinen Abhöranlage kann man bei dünnen Wänden sogar Gespräche im Nachbarraum oder in Nachbarwohnungen belauschen (sollte man aber nicht tun).
◆ Zum Ausprobieren kann eine Person im Nebenraum verschieden laute Geräusche machen oder leicht an der Wand klopfen.

Schellacks
(Verstärkung von Schallschwingungen)

Das wird gebraucht:
Plattenspieler oder auch nur Plattenspielerlaufwerk, alte Schallplatte, Zeichenkarton, Klebeband, Steck- oder Nähnadel

So wird es gemacht:
Aus Zeichenkarton dreht man einen Trichter und klebt ihn mit Klebeband zusammen. Durch das dünnere Trichterende steckt man normal zum Trichter durch beide Kartonseiten eine Stecknadel.
Man legt eine Platte auf und setzt die Nadelspitze vorsichtig in die Plattenrille.
Legt man das Ohr an den Trichter, kann man deutlich die Musik oder Sprache von der Platte hören.
Die Vertiefungen in der Schallplatte bringen die Nadel zum Schwingen. Der Trichter verstärkt die Schallschwingungen.

◆ *Experimente mit Spaß* ◆

Das ist noch wichtig:
- Bei elektrischen Plattenspielern verwendet man statt des Trichters natürlich Verstärker. Ähnlich wie bei diesem Versuch wurden bei den alten Grammophongeräten große Trichter als Verstärker verwendet.
- Für diesen Versuch können verschiedene alte Schallplatten verwendet werden. Wichtig ist die Einstellung der richtigen Geschwindigkeit; u.zw. 33 1/3 oder 45; alte Plattenspieler, die für Schellacks geeignet sind, verfügen noch über die Geschwindigkeit 78.
- Nur alte Schallplatten verwenden; die Rillen zerkratzen durch die Verwendung der Nadel; bei richtigen Plattenspielern verwendet man als Tonabnehmer Saphire.
- Der Name Schellack stammt eigentlich aus dem Niederländischen; man versteht darunter das Stoffwechselprodukt der Lackschildlaus. Früher wurde dieses Harz zur Herstellung von Schallplatten sogenannten Schellacks - verwendet.

Gut gekapselt
(Schalldämmung)

Das wird gebraucht:
Glocke, Batterie, 2 Kabel, 4 Krokoklemmen, Glasschale, pneumatische Wanne, Schaumgummi

So wird es gemacht:
a) Ein Glocke wird mit einer Batterie verbunden und auf eine Glasschale gelegt.
Der entstehende Schall wird durch die Glasschale verstärkt.
b) Die Glocke wird auf ein dickes Schaumgummistück gelegt.
Das Läuten ist schon etwas leiser; der Schaumgummi dämmt leicht den Schall.
c) Über die Glocke auf dem Schaumgummistück stülpt man eine pneumatische Wanne. Der Schall wird jetzt sehr stark abgeschwächt.

Das ist noch wichtig:
- Bei LKW's oder bei Kompressoren werden Schallkapselungen sehr häufig vorgenommen.
- Möchte man den Versuch ohne Laborgeräte durchführen, kann man statt der Glocke einen Wecker verwenden. Statt der pneumatischen Wanne und der Glasschale verwendet man z. B. entsprechende Salatschüsseln.

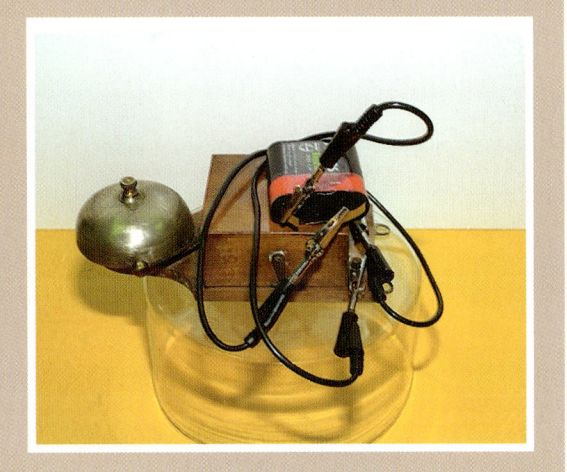

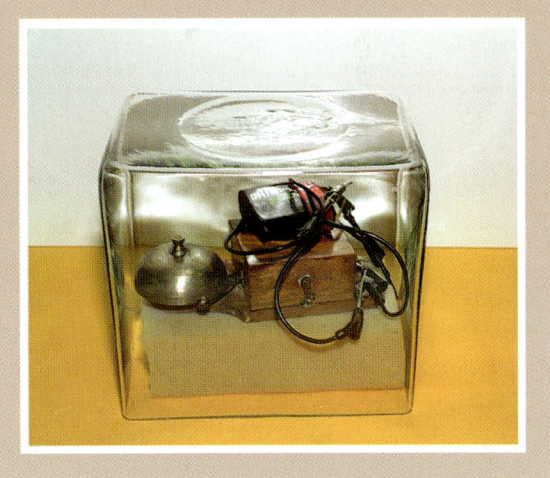

Das Schirmtelefon
(Bündeln von Schallwellen)

Das wird gebraucht:
2 Regenschirme

So wird es gemacht:
Zwei Regenschirme werden aufgespannt. Im „Brennpunkt" des einen Schirmes spricht oder singt eine Person in den Schirm hinein. Im Abstand von einigen Metern steht eine zweite Person und lauscht im Brennpunkt des zweiten Schirmes. Die Stimme der ersten Person kann von der zweiten Person deutlich vernommen werden. Die Schallwellen werden vom ersten Schirm zurückgeworfen und im zweiten Schirm wieder gebündelt.

Das ist noch wichtig:
◆ Der Abstand der beiden Schirme und die richtigen Stellen der beiden „Brennpunkte" müssen durch Ausprobieren ermittelt werden.
◆ Die Schallwellen verhalten sich bei den Schirmen ähnlich wie Licht. Wird vom Brennpunkt eines Hohlspiegels aus Licht in den Spiegel gestrahlt, wird dieses parallel reflektiert wie beim Scheinwerfer. Sammelt man paralleles Licht mit einem Hohlspiegel, wird dieses in einem Brennpunkt gebündelt.
◆ Im Augustiner Chorherrenstift in Vorau in der Steiermark gibt es an den beiden Stirnwänden der Stiftsbibliothek hohle Holzhalbkugeln, die es den Mönchen ermöglichen, sich miteinander zu verständigen, ohne die anderen Bibliotheksbenützer zu stören.

Die kreisende Pfeife
(Dopplereffekt mit einfachen Mitteln)

Das wird gebraucht:
Gummischlauch, Trillerpfeife

So wird es gemacht:
Eine Trillerpfeife wird fest in das Ende eines etwa 1,5 bis 2 m langen Schlauchs gesteckt. Während man die Pfeife am Schlauch durch die Luft kreisen läßt, bläst man kräftig in das andere Schlauchende. Ein lauter Pfeifton ist zu hören. Zuhörer, die sich in Kreisebene der drehenden Pfeife befinden, hören ein Ansteigen der Tonhöhe, wenn die Pfeife näherkommt und ein Absinken der Tonhöhe, wenn sie sich entfernt.
Diese physikalische Erscheinung wird Dopplereffekt genannt. Von einem Beobachter wird die von einer bewegten Schallquelle ausgehende Schallwelle in Frequenz und Wellenlänge anders registriert, wenn diese näherkommt bzw. sich entfernt.

Das ist noch wichtig:
- Billige Trillerpfeifen sind im Spielzeughandel erhältlich.
- Die Pfeife muß wirklich sehr fest im Schlauch stecken, da sie sich sonst bei der Drehbewegung lösen kann. Nötigenfalls kann sie mit einer um den Schlauch gebundenen Schnur zusätzlich fixiert werden.
- Das Ansteigen und Absinken der Tonhöhe kann nicht nur vom Zuhörer, sondern auch von der Versuchsperson wahrgenommen werden, da sich ja die Pfeife ebenfalls entfernt und dann wieder annähert.
- Der Dopplereffekt tritt nicht nur bei Schallwellen, sondern auch bei anderen Wellenbewegungen - z. B. Licht, Wasserwellen - auf.
- Im Alltag kann der Dopplereffekt im Straßenverkehr wahrgenommen werden, wenn ein hupendes Auto oder ein Einsatzfahrzeug mit eingeschalteter Sirene an einem vorbeifährt.
- Dieser physikalische Effekt wurde im Jahre 1842 von dem österreichischen Physiker Christian Doppler (1803-1853) entdeckt.

Die Dachsirene
(Dopplereffekt mit Sirene und Stimmgabel)

Das wird gebraucht:
Spielzeugsirene, Stimmgabel

So wird es gemacht:
Eine Person dreht an der Kurbel einer Sirene und bewegt sich damit schnell auf eine Person zu und geht dann an ihr vorbei. Statt mit einer Sirene kann man den Versuch auch mit einer angeschlagenen Stimmgabel durchführen.
Der Beobachter hört beim Annähern der Schallquelle ein Ansteigen der Tonhöhe und beim Entfernen ein Absinken.
Bei dieser als Dopplereffekt bekannten Erscheinung ändert sich bei einer bewegten Schallquelle die Tonhöhe.

Das ist noch wichtig:
◆ Siehe auch Versuch „Die kreisende Pfeife"
◆ Für diesen Versuch können alle möglichen Schallquellen ausprobiert werden.
◆ Gut gelingt der Versuch, wenn die Schallquelle schnell am Beobachter vorbeigeführt wird; z. B. mit Rollschuhen oder Inline-Skatern.

Die Lebenspumpe
(Der eigene Herzschlag)

Das wird gebraucht:
Kunststofftrichter, Schlauch

So wird es gemacht:
Ein großer Kunststofftrichter wird an einen Schlauch gesteckt. Man hält nun den Trichter an die Brust über dem Herzen und horcht am anderen Schlauchende, das man in die Ohrmuschel hält.
Man kann den eigenen Herzschlag hören.
Über den Trichter werden die Schallwellen durch den Schlauch, ähnlich wie bei einem Stethoskop, zum Ohr geleitet.

Das ist noch wichtig:
◆ Am deutlichsten ist der Herzschlag über der sogenannten Herzbasis zu hören; günstig ist es auch, wenn es im Raum keine Nebengeräusche gibt.
◆ Die Herztöne sind Schallerscheinungen am Herzen, die bei der normalen Herzfunktion durch Muskelanspannungen und Bewegungen der Herzklappen verursacht werden.
◆ Das vom Arzt mit dem Stethoskop durchgeführte Abhorchen des Herzens nennt man Auskulation.
◆ Die Anzahl der Herzschläge pro Minute wird Herzfrequenz genannt. Die durchschnittliche Schlaganzahl beträgt bei Kinder 130-140 und bei Erwachsenen 72-75 Schläge pro Minute.
◆ Wie am Foto zu sehen ist, hört man den Herzschlag auch, wenn sich der Trichter nicht genau über der Herzbasis befindet.

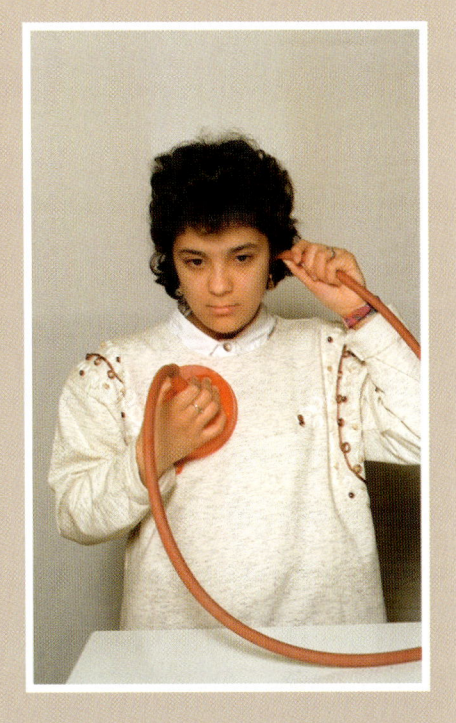

Register

Adhäsionskräfte 13 - 17
aerodynamisches Paradoxon 113
Akustikspielzeug 125, 130
Aräometer 46
Archimedisches Prinzip 48, 54
Auftrieb 24, 47
 - in Luft 55
 - in Salzwasser 52
 - und Volumen 50, 51
Auftriebskraft und Schwerkraft 39
äußerer Luftdruck 83, 90, 92, 93
Bärlapp und Oberflächenspannung 29
Bumerang 119
Cartesianischer Taucher 61
Dichtedifferenz 39, 40, 45, 66
 - Flüssigkeiten 44
Dichteunterschied 39, 40, 45, 66
Dichteversuch mit Eiern 42
Dichteversuche 43
Druckausbreitung in Flüssigkeiten 59 - 63
Druckausgleich 78
Druckfortpflanzung - Luft 104
Druckunterschiede - Luft 105
Druckverteilung - Modellversuch 65
Fallschirm 118
Faraday, Michael 12
Farbstoffe und Oberflächenspannung 28
Flugkörper 108
Flüssigkeitsoberflächen 79
Flüssigkeitsoszillatoren 78
Flüssigkeitsspielzeug 40
Gasometer 107
Herabsetzen der Oberflächenspannung 26
Heronsball 97
Hubschrauber 117
Hydraulikmodell 64
Hydrostatischer Druck 69, 71, 75
Kapillarwirkung 33
 - bei Glasröhrchen 32
 - in Kreide 30, 31
 - und Adhäsionskräfte 13
 - zwischen Glasplatten 32
Kohäsionskräfte - Wirkung von 11
 - des Wassers 12
Luftdruck 83 - 89, 101, 103
 - äußerer 83, 90, 92, 93
Luftdruckunterschiede 91, 97

Luftkissenfahrzeug 121
Luftschwingungen 131
Luftströmung 120
Luftwirbel 120
Magdeburger Halbkugeln 91, 92
Manometer 72
Minischlagzeug 129
Oberflächenspannung - Messen der 27
 - und Bärlapp 29
 - und Farbstoffe 28
 - und Luftdruck 89
 - und Öl 29
 - von Wasser 21-25
Öl und Oberflächenspannung 29
Oszillation von Flüssigkeiten 78
Pulsrhythmus 76
Pulsschlag 77
Rauchverdrängung 106
Schallschwingung 125, 126, 128
Schallübertragung 130, 132, 133
Schweben 53
Schwerkraft 39
Schwimmen 53
Schwingende Wassersäulen 127
Senkwaagen 46
Sinken 53
Spielzeug - akustisches 125, 130
 - Flüssigkeits- 40
 - Viskose- 35
Stimmgabel 125
Taucherglockenmodell 102
Tragflächenmodell 116
Trägheit 86
U-Rohr 66
Unterdruck 94 - 96
 - durch Strömung 113 - 116
Verbundene Gefäße 67, 68
Verstärkung von Schwingungen 126
Viskosespiele 35
Viskosimeter 34
Wasser- und Gasdruck 107
Wasserdruck 73, 74
Wasserpumpe 103
Wassersäule 85
Wasserwaage 79
Winkelheber 70, 88
Zerstören der Oberflächenspannung 26